城市污水处理项目市场化运作与管理

Market-oriented Operation and Management for Urban Wastewater Treatment

李　明　著

中国铁道出版社

2010年·北　京

内 容 简 介

本书主要对城市污水处理项目的运作程序进行了介绍，并从政府的角度，对污水处理厂特许经营管理内容、管理方法和思路进行了研究，以期对我国今后的污水处理厂特许经营提供实际的借鉴和指导意义。

图书在版编目(CIP)数据

城市污水处理项目市场化运作与管理/李明著.
—北京：中国铁道出版社，2010.6
ISBN 978-7-113-11354-4

Ⅰ.①城… Ⅱ.①李… Ⅲ.①城市污水-污水处理-项目管理 Ⅳ.①X703

中国版本图书馆 CIP 数据核字(2010)第 069699 号

书　　名：**城市污水处理项目市场化运作与管理**
作　　者：李　明

责任编辑：江新锡　曹艳芳　　**电话**：010-51873018　**电子信箱**：Jxinxi@sohu.com
封面设计：崔　欣
责任校对：孙　玫
责任印制：李　佳

出版发行：中国铁道出版社(100054，北京市宣武区右安门西街 8 号)
网　　址：http://www.tdpress.com
印　　刷：北京鑫正大印刷有限公司
版　　次：2010 年 6 月第 1 版　2010 年 6 月第 1 次印刷
开　　本：787 mm×960 mm　1/16　印张：11.5　字数：245 千
印　　数：0001～2 000 册
书　　号：ISBN 978-7-113-11354-4
定　　价：23.00 元

前言 PREFACE

城市污水处理项目作为重要的公用设施，对于改善环境状况，提高居民生活质量，促进经济和社会可持续发展具有重要的作用。长期以来，由于在我国污水处理厂一直依靠政府财政资金投资、建设和运营，不仅给政府财政造成承重负担，同时落后的运营管理模式也使污水处理厂运营效率低下，污水处理成本居高不下，更加重了政府的财政压力。特别是近年来我国基础设施建设的飞速发展，政府有限的财力难以满足日益增长的污水处理发展需要。为解决这一矛盾，我国在污水处理行业推行了以污水处理厂特许经营为核心的市场化改革。随着我国污水处理等市政公用事业改革的不断深化，今后将有越来越多的污水处理厂通过特许经营方式进行投资、建设和运营。从国内外实践经验证明，诚信有效的政府管理，是特许经营成败的关键。本书主要对城市污水处理项目的运作程序进行了介绍，并从政府的角度，对污水处理厂特许经营管理内容、管理方法和思路进行了研究，以期对我国今后的污水处理厂特许经营提供实际的借鉴和指导意义。本书主要进行了以下几方面的工作：

(1)通过对城市污水处理设施的特征分析，指出了城市污水处理项目所具有的公益性、自然垄断性、收费性和竞争性特征，论述了城市污水处理设施特许经营的必然性；从污水处理设施融资建设角度、污水处理设施资产形成角度以及政府实施特许经营目的三个方面对特许经营进行了分类，对目前城市污水处理得 BOT 模式以及其衍生模式进行了介绍，并对我国城市污水处理目前常用的特许经营模式进行了总结，对 BOT 模式和 TOT 模式特许经营的运作程序作了详细地阐述。

(2)通过特许经营前期管理研究，指出对特许经营实施有重要影响的前期工作主要有特许经营的体制选择、BOT 模式特许人的选择时机、建设前期城市污水处理厂规模确定、城市污水厂排放标准的确定、污水处理方案的选择、污泥处理方案选择、经济评价以及 TOT 模式资产评估、债务人员安置等。提出了污水处理项目应该采用“厂网分离”的特许经营体制，通过对 BOT 模式特许人的选择时机进行了分析，指出有利时机是在可行性研究批复之后初步设计之前进行，分别对污水处理厂特许经营两种模式的前期影响因素提出加强监督管理的方法，确保前期决策的正确性，为特许经营的顺利实施打下良好基础。

(3)通过对特许经营准入管理研究，明确提出了污水处理厂特许经营企业的市场准入资质条件，指出建立资质等级审查评定制度和不同资质等级的投资商和运营商的市场准入范围。运用德姆塞兹的特许经营权竞标模型，对不同准入方式进行分析和比较，提出了特许经营最有利的准入方式是公开招标，指出了公开招标的合理程序和有效的评价方法。运用拍卖模型分析和比较了资产竞价和污水处理服务费竞价两种方式的优缺点，提出污水处理厂特许经营合理竞价方法是采用污水处理服务费竞价，并提出了采用两部制价格的竞价方法。通过对不同评标方法的分析，提出了特许经营评标的最有效方法是采用两阶段评标方法。从而确立了规范的特许经营准入机制。

(4)通过对污水处理厂 BOT 特许经营建设管理研究，分析了污水处理厂特许经营建设管理的必要性，明确指出了污水处理厂 BOT 建设管理的内容是对污水处理厂的建设投资、建设进度和建设质量控制，管理目标是确保在计划工期内按照限定的投资额和规定的质量标准完成项目，并及时投入运营。分别针对建设投资管理、建设进度和建设质量控制提出了控制程序和控制方法。

(5)分析了污水处理厂特许经营运营管理的必要性，明确提出污水处理厂特许经营运营管理内容包括污水处理运营服务质量监管、运营服务价格监管以及安全运行监管三个方面，目标是在保证污水处理运营服务质量的前提下，不断提高污水处理的运营效率，降低污水处理成本，确保污水处理厂安全、稳定运行，污水处理服务费支付合理，更好地为公众服务。提出了水质、水量等质量监管程序和方法；通过对价格管理的研究，确立了有效的价格形成机制，分析了价格影响因素，在对不同调价方式比较分析基础上，建立了采用调价公式法调整的调价模型；对安全运行监管的各个环节提出了监管的程序和方法。

目录
CONTENTS

绪　论

第一节　问题的提出

一、城市污水处理特许经营

1. 特许经营概念

特许经营模式最早源于法国，之后逐步发展到全球。通常情况下，特许经营是指私营合作者参与项目部分或全部投资，并通过一定的合作机制与政府部门分担项目风险、共享项目收益。根据项目的实际收益情况，政府部门可能会向特许经营的私营合作者收取一定的特许经营费或给予一定补偿。

世界银行关于特许经营的定义是：通过签订一系列，特许权经营模式使得私人投资者不仅参与到项目的建设和运营维护，而且进一步参与到投资过程中来。资产的所有权仍归政府所有，但所有的使用权全部转移给私人投资方，那些由私人投资方投资建设的项目，在项目特许经营期结束的时候，也同样将被转移给政府。

欧盟委员会的定义是；通过一系列授权和协议使得私人投资者在一定时期内对某些基础设施项目进行融资、建设、运营，并以此获得公共事业的收入。特许权经营模式可以用在基础设施项目的新建、改建、扩建等项目中。

特许权经营一般持续 25～30 年甚至更长。特许权经营模式下，无论是已建还是新建的项目资产，其所有权最终都属于公共部门，这些公共部门要负责监督保证这些资产被合理地使用，在特许权经营期间维护管理资产的运营，确保特许经营期结束后，这些资产仍保持在较好的状态下。

2. 城市污水处理特许经营

污水处理特许经营是指，政府把应当由政府控制或需要由政府实施的污水处理设施通过特许授权，在一段规定的时段内（即特许期内），由国内民营公司或外国公司作为设施的投资者和（或）经营管理者，来安排设施的融资，进行开发建设或维护，经营管理设施以获取商业利润，并承担投资和经营过程中的风险，特许期满后，根据特许权合约的规定将该设施转让给政府机构。其典型模式为 BOT（建设—经营—转让）。

政府也可以把已经处于运营或即将投入运营的污水处理设施通过特许权授予形式，在一段规定的时段内（即特许期内），移交给民营企业来经营管理，发挥民营企业在经营管理方面具有的灵活性和高效率优势；通过特许权授予过程的竞争，激励运营企业提高管理效率，克服政府公营企业在人事制度、行政程序、报酬激励等方面存在的困难，典型模式为 TOT 方式。

二、我国城市污水处理发展现状及特许经营的必要性

1. 我国的水环境状况

水是人类生存、生活和生产不可缺少的宝贵资源，水是农业的命脉，工业的动力，城市的血液。我国水资源丰富，但人均淡水量只相当于世界人均占有量的 1/4，排在世界的第 110 位(世界为 1.08 万立方米/(人·年)，中国 2 400～2 500 立方米/(人·年)，相当于美国的 1/5，加拿大的 1/50，日本的 3/4。被列入世界 13 个贫水国名单中。据统计，全国 668 个城市中有 300 多个缺水，其中 110 个严重缺水，日缺水量达 1 650 万吨。缺水问题固然与我国的缺水状况密切相关，但主要原因在于水资源不合理的开发利用，尤其是水污染的不断加重，引起了普遍缺水和严重的生态后果。长期以来，由于我国缺乏对废污水处理和排放的有效控制，致使水资源被过度消耗和污染，水域污染问题突出。根据《2006 年中国环境状况公报》，2006 年我国污水排放量为 537.0 亿吨，其中工业废水排放量为 221.1 亿吨，生活污水排放量为 261.3 亿吨。近年来我国城市污水和主要污染物排放量情况见表 1-1。全国地表水水质总体属于轻度污染，国家环境监测网监测的 745 个监测断面中，只有 40％满足Ⅰ～Ⅲ类水质要求，Ⅳ、Ⅴ类水质占 32％，28％属劣Ⅴ类水质。地下水也遭到了严重的污染，根据对 163 个城市地下水的监测结果，97.5％的城市地下水受到不同程度的污染，其中 50％城市受到重度污染。由于水污染造成的经济损失，据估计相当于国家当年财政收入的 6％，可见水污染造成的损失是何等巨大。

表 1-1　近年来我国城市污水和主要污染物排放量

年份	污水排放量(亿吨)			COD 排放量(万吨)			氨氮排放量(万吨)		
	生活	工业	合计	生活	工业	合计	生活	工业	合计
2001	230.3	202.6	432.9	797.3	607.5	1 404.8	83.9	41.3	125.2
2002	232.3	207.2	439.5	782.9	584.0	1 366.9	86.7	42.1	128.8
2003	247.6	212.4	460.0	821.7	511.9	1 333.6	89.3	40.4	129.7
2004	261.3	221.1	482.4	829.5	509.7	1 339.2	90.8	42.2	133.0
2005	581.4	243.1	524.5	859.4	554.8	1 414.2	97.3	52.5	149.8
2006	297.5	239.5	537.0	865.6	562.6	1 428.2	99.2	42.1	141.3

2. 我国城市污水处理发展状况

(1)城市污水处理设施及其作用

城市污水处理是防止水资源污染的重要手段，污水处理既可解决水源的严重污染，又可开发新水源，是一项事半功倍的事业。加强污水治理的力度，建设和发展污水处理设施是保证水资源持续利用的重要保证，城市污水处理设施包括城市排水管网和污水处理厂，其中建造城市污水处理厂被证明是解决城市水污染的有效途径，城市污水处理厂是处理城市污水、污泥的一系列构筑物及其附属构筑物的综合体，是城市发展的重点基础设施，是城市水污染控制、水环

境保护工作中的关键工程，它对社会经济的高速、稳定、可持续发展起着保障和促进作用。污水处理厂可以使工业废水和生活污水得到有效的治理，从而极大地提高污水处理率，减轻水体污染，改善水环境。污水处理厂具有一定的规模经济性，适度规模的污水处理厂可以大幅度提高投资的有效性，能节省大量点源处理设施的投资和能耗。城市污水经过处理后作工业回用水或景观用水，可以作为新的水源，从而极大缓解水资源短缺的矛盾，是缓解城市水资源短缺、促进水资源良性循环的重要措施，也是实现可持续发展重要途径。

(2) 污水处理发展状况

我国的城市污水处理发展起步较晚，尽管在唐长安、宋汴梁、元大都就有了比较完善的明渠和暗渠相结合的排水系统，但是我国的污水处理行业是在 20 世纪 70 年代中央政府提出“环境保护是我国的基本国策”后才开始步入正常发展轨道的。新中国成立后，我国城市污水处理发展大致分为四个阶段：

第一阶段(20 世纪 50～60 年代)，由于解放初期工农业生产刚刚起步，当时的污水污染程度很低，且提倡利用污水进行农业灌溉，特别是北方缺水地区将污水灌溉利用作为经验进行推广，如著名的沈抚灌渠等，我国在部分城市，如西安、上海、兰州等建设城市污水处理厂。全国仅有几个城市建设了近 10 座污水处理厂(包括 1921 年 1926 年间外国人兴建的三座污水处理厂)，在处理工艺上有的还是一级处理，处理的规模也很小，污水处理处于起步阶段。

第二阶段(20 世纪 70 年代～80 年代末期)，随着工农业生产的不断发展，人民生活水平的逐步提高，城市污水的成分也随之而变化，污染程度由低向高逐渐演变，一些发达的资本主义国家由于污水的污染，使人民身体健康受到威胁的沉痛教训(日本国骨疼病、水俣病的出现)引起人们的关注和我国政府的高度重视。20 世纪 70 年代，在中央政府提出“环境保护是我国的基本国策”后，我国开始自行投资兴建了一批污水处理设施，到 1978 年全国建成 37 座城市污水处理厂，处理能力 63.53 m^3/d。1984 年，国内最大的污水处理厂(处理规模 26 万立方米/天)——天津市纪庄子污水处理厂竣工投产运行填补了我国大型污水处理厂建设的空白，随后，北京、上海、广东、陕西、山西、河北、江苏、浙江、湖北、湖南等省市根据各自的具体情况分别建设了不同规模的污水处理厂，到 1988 年，我国共建成污水处理厂 78 座，这一阶段我国的污水处理主要依靠自己的技术和资金，由于诸多客观因素的制约，发展较为缓慢。

第三阶段(20 世纪 80 年代末～90 年代末)，随着改革开放不断深入，国际组织和外国政府贷款的支持对我国城市污水处理的发展起到了较大的推动作用，国外一些先进的、高效的污水处理专用设备进入了我国污水处理行业的市场。但是由于受到资金来源的限制，以及污水处理行业的运营管理性质的限制，污水处理发展速度不快，污水处理收费工作没有展开。到 20 世纪 90 年代末，全国二级污水处理厂总数仅仅 200 座左右，并且集中在大中城市。

第四阶段(20 世纪 90 年代以后至今)，这期间由于国债的大力投入，以及中央政府随后推动的市场化运作方式带来的市场资金大量引入，污水处理的发展进入了飞速发展阶段。污水处理无论数量还是质量上都得到了迅速发展，标志着我国污水处理事业发展到一个崭新的阶段。城市污水处理厂已经遍及全国 30%以上的城市，平均每年国家和地方投资达到 20 亿元以上，处理能力增加到 2 000 万立方米/天。到 2004 年全国有 611 座城市建有 708 座污水处理厂，总的污水处理能力达 4 912 万立方米，到 2004 年我国城镇污水处理能力总量是达到了 5 185 m^3。目前在建的规模将近有 3 500 万～4 000 万立方米。

3. 我国城市污水处理发展存在的问题

(1)污水处理能力严重不足

尽管我国城市污水处理产业得到较大发展，但相对于每年城市污水排放量来看，城市污水年处理量还明显不足。统计数据显示，我国城市污水排放量平均每年增加 24 亿立方米，但每年新增的污水处理能力仅为 3 亿多立方米。2006 年我国城市污水处理率只有 47.76%，目前全国尚有 61.5%的城市没有污水处理厂，与国外发达国家污水处理设施相比有很大差距(美国有 2 万余座污水厂，英、法、德均近万座，污水处理率和污水管网的普及率都在 90%以上，平均每万人拥有一座污水厂，我国平均 668 万人拥有一座)。

(2)污水处理资金十分短缺

污水处理工程建设与运营需要巨额资金投入，一般完善的污水处理工程，每立方米污水处理投资大约 1500～2000 元，经常性费用一般 0.3～0.5 元/m^3。长期以来，城市污水处理设施的建设全部由国家投资建设，随着我国经济的快速发展，城市化进程的加快和城市规模的不断扩大，国家有限的财力无法满足日益扩大的城市基础设施建设的需要，致使本应适当超前的城市排水与污水处理设施严重滞后。我国污水处理设施的投资同发达国家相比有很大差距，美国、日本、英国等 20 世纪 70 年代和 20 世纪 80 年代在污水处理方面的投资分别占国民生产总值(GDP)的 0.29%～0.55%和 0.53%～0.85%，我国仅为 0.002%～0.04%。表 1-2 反映了主要发达国家污水处理投资与我国投资对比情况。资金短缺还体现在污水处理厂的运行成本的巨大支出，一般污水处理厂的运行费用在 0.3～0.5 元/m^3，以一个日处理能力 5 万立方米的污水处理厂计算，年运行费用高达数百万元。目前全国已经建成投产运行的污水处理厂中，满负荷运行的不到 1/3，没有满负荷运行的原因大多数是由于运行经费短缺。随着近年来国家对环境保护的重视，对污水治理投入不断加大，污水处理资金也将面临更大的短缺压力。根据全国环境保护“十一五”规划要求，到 2010 年底，全国城镇污水处理率平均达到 60%以上，城市污水处理率不低于 70%。“十一五”末，全国城镇污水集中处理能力达到 10 000 万立方米/天左右。为此预计“十一五”期间需要新建城市污水处理厂 1 000 多座，按目前建设造价估算，仅建设总投资将高达 5 000 亿元，以每立方米运行费用 0.3 元计，总运行费用也高达上千亿元。要筹集这么多资金，仅靠政府财力远不能满足发展的需要，资金短缺将严重制约我国污水处理的发展。

表 1-2 国内和国外污水处理投资占 GDP 的比例(%)

国家 / 年代	中国	美国	英国	德国	法国	日本
20 世纪 70 年代	0.009	0.29	0.31	0.32	0.53	0.48
20 世纪 80 年代	0.027	0.80	0.50	0.88	0.53	0.55
20 世纪 90 年代	0.18	1.02	0.91	1.12	0.98	0.85

(3)污水处理企业整体经营效率低下

长期以来,我国污水处理设施一直是政府垄断性经营,由于信息不对称,经营机构缺乏竞争机制和有效的制约发展机制,缺乏内在的成本监督机制,使他们可以通过成本的无限膨胀获取利润,导致经营投入中的巨大效率损失。污水处理经营机构缺乏降低运行成本的动力,直接导致管理水平不高、冗员严重(在南京城北污水处理厂公开招商过程中,所有投标人都提出减少员工人数,最少的只需 8 位员工,而城北污水处理厂现有员工 40 多人)、工作效率低下,经济效益较低,现有的城市污水处理设施运营运行效率不高,成本居高不下。与国外相比,同等规模和相同工艺的污水处理厂,污水处理成本相差巨大(以相同工艺、同等规模的二级污水处理厂处理成本为例,一般国外先进的污水处理成本多在 0.7～0.9 元/m^3,国内大多在 1.2～1.4 元/m^3)。造成污水处理厂一般建不起,建起也养不起的局面。污水处理发展活力和后劲严重不足,据资料统计,2006 年全国 53 个城市中有 29 个城市污水处理厂亏损,平均利润总额为 －378.80 万元。经营效率低下不仅加重了政府的财政负担,更严重制约了污水处理的快速发展。

4. 城市污水处理设施特许经营必要性

污水处理设施建设与运营需要巨额资金,仅靠政府投入难以为继,政府有限的投资远不能适应污水处理厂的迅猛发展和规模的不断扩大。同时,现有的污水处理运行成本居高不下,运行效率和管理水平低下,更加重了政府的负担。通过市场化的方式进行污水处理的建设、运营与维护是污水处理发展的必由之路。但是水务市场是一个特殊市场,其竞争方式不同于一般的市场竞争,污水处理设施具有公益性、自然垄断性、竞争性、收费性等明显的特征,只能采取经营权竞争的特许经营方式。其核心是通过竞争性的特许经营合同实现污水处理设施的投资、建设和经营权转移,实现保持充分效率的目标。其必要性体现在:

(1)可以缓解政府投资短缺的压力

通过污水处理特许经营,逐步开放污水处理市场,可以吸引非国有资本或非国有企业进入污水处理领域,从而改变长期形成的国有企业在污水处理领域一统天下的格局。特许经营权转让的筹资方式对政府来说是一种非债务流入,既不会加重政府的债务负担,也不会扩大政府的财政赤字,却弥补了短缺的建设资金。还可以盘活现有污水处理资产,为政府修建排水设施筹集资金,从而可以极大缓解政府污水处理建设投资不足和运营资金短缺矛盾,有效解决污水处理设施建设和运营资金的严重不足问题。

(2)引进先进的建设和运营管理机制

通过广泛的竞争性招标可以引进国内外先进的经营管理机制和运营管理模式,引进国际上先进的污水处理技术和污水处理设备,加强和国外同行业的交流,学习国外水务公司的先进的运营管理经验。对现有的污水处理厂可以通过明晰产权,再通过竞争性特许经营方式由私人来生产经营。可以盘活现有水务企业的资产来降低经营成本,提高经济效益。中标的受许人以满足特许合同规定为期内继续经营的条件。定期的公开招标、公开地维持竞争压力避免了利益集团寻租活动中的私下交易,也限制了官员的寻租行为。

(3)提高污水处理运营效率

通过政府制定规则,由合格的投资运营商参与投标,中标者在一定时期和一定标准下提供污水处理服务并获得收益,期满后重新进行投标。通过受许人争夺特许权的市场竞争,政府可以实现收入最大化。竞争性压力的存在为创造最好的绩效提供了可能性,可以使经营者对用户的需求具有高度的回应性,并使运作成本最小化。还可以把优秀的投资公司与运营公司结合在一起,凭借领先的技术知识和管理才能及丰富的商业经验促进项目顺利运行,经营者独立建设、经营,相对于过去特许经营企业更加重视成本控制、风险管理和服务手段等,降低项目的建设费用,缩短项目的建设周期;提高经营效率,降低经营成本,提高经济效益。也有助于解决目前国有部门投资约束软化、投资效益低下等问题。

(4)促进污水处理的良性发展

通过政府授权特许经营企业得到垄断经营权,确保了在规定期内的利益,降低了经营风险,可以很快实现盈利。根据"谁污染,谁付费"的原则,有利于污水处理费的征收,有利于实现污水处理企业的"保本微利"。实现污水处理企业的自我发展、自负盈亏的良性发展机制,促进污水处理的产业化发展,实现污水处理的产业化发展的良性循环。

三、城市污水处理特许经营在我国的发展状况

20 世纪 80 年代末,随着经济建设的加快,市政公用事业的国家垄断开始逐步放开,面对日益突出的污水处理建设资金短缺和经营效率低下的矛盾,污水处理行业竞争机制和市场化开始逐步引入,污水处理行业政府特许经营在我国开始逐步推行,大约经历了三个阶段。

1. 1987~1994 年的缓慢起步阶段

20 世纪 80 年代末,包括污水处理行业在内的市政公用事业的国家垄断开始逐步放开,竞争机制和市场化开始引入,在这一阶段对外商直接投资开放公用事业领域关注的较多,但在污水处理行业还没有真正引入特许经营,在政府文件中也没有相关政策和法律、法规。

2. 1995~2001 年初步形成阶段

在政府相关政策指导下,外商和民间资本开始涉足市政建设和运营。1994 年,对外贸易经济合作部《关于以 BOT 方式吸收外商投资有关问题的通知》中规定,外商可以以合作、合资或独资的方式建立 BOT 项目公司。1995 年,原国家计委(国家发展和改革委员会)、电力部、交通部发布《关于试办外商投资特许权项目审批管理有关问题的通知》,将外商投资项目界定为是指外商建设-运营-移交的基础设施项目,这时的特许经营是和 BOT 的概念划等号的。规定了特许权项目的试点范围包括污水处理等项目。

1995 年建设部出台《市政公用企业建立现代企业制度试点指导意见》后,我国公用行业开始打破垄断、推进企业化动作和市场化竞争的步伐。在这个意见指导下,一些洋水务纷纷登陆中国投资建厂或收购中国水务股权。泰晤士集团 1996 年以 6800 万美元通过 BOT 取得上海大场水厂为期 20 年的经营权;1999 年浙江嘉兴污水处理厂是全国第一个以 BOT 特许经营方式投资建设的地方污水处理项目。

2000年,国务院发布《有关加强城市供水节水和水污染防治工作的通知》,提出积极引入市场机制,拓展融资渠道,鼓励和吸引社会资金和外资投资城市污水处理和回用设施项目的建设和运营。2001年,《建设事业"十五"计划纲要》提出加快市政公用事业企业的改制步伐,促进公用事业企业转换经营机制。要在发挥国有资本控制力、影响力的前提下,打破公用事业的行业垄断和区域限制,采取特许经营权竞标方式,引入竞争机制,吸引社会投资和外商投资。

3.2002年~至今的加速发展阶段

面对日益紧张的市政设施建设资金的短缺以及民间资本和国外资本大量介入水务等市政行业的局面,政府明确提出要在公用部门进行市场化改革,引进竞争机制,实行市政公用行业特许经营。2002年,环保总局印发《推进城市污水、垃圾处理产业化发展的意见》中提出,建立城市污水处理产业化新机制,鼓励社会投资主体采用BOT等特许经营方式投资或与政府授权的企业合资建设城市污水、垃圾处理设施。2002年12月,有关部委发布《关于加快市政公用行业市场化进程的意见》,要求推进垄断行业改革,积极引入竞争机制,全面开放城市供水、污水处理等经营性市政公用设施的建设、运营市场,建立和完善市政公用行业特许经营制度。

2004年,国务院《关于投资体制改革的决定》提到,放宽社会资本的投资领域,允许社会资本进入法律法规未禁止的基础设施、公用事业及其他行业和领域。对于具有垄断性的项目,实行特许经营,通过招标,开展公平竞争,保护公众利益。建设部《关于加快市政公用行业市场化进程的意见》(2004年)进一步明确,市政公用行业实施特许经营范围包括城市供水、供气、供热、污水处理、垃圾处理等直接关系社会公共利益和涉及有限公共资源配置的行业。对供水、污水处理等经营性市政公用设施的建设,明确应公开向社会招标选择投资主体和经营单位,由政府授权特许经营。2004年5月1日,建设部颁布的《市政公用事业特许经营管理办法》正式实施,其中具体规范了市政公用事业特许经营活动,包括了市政公用事业特许经营的定义、适用范围、程序、特许经营权协议的内容、相关各方的责任等,并规定了以招标方式选择城市供水和污水处理等市政公用事业特许经营项目投资者或经营者的程序和要求。为进一步规范市场准入和市场运作行为提供了依据。

随着《市政公用事业特许经营管理办法》的实施,外国资本进军中国水业的法规障碍得以解除,污水处理行业的特许经营项目得到巨大发展,自2001年以来,随着国家发改委的《外商投资产业指导目录》和建设部《关于加快市政公用行业市场化进程的意见》、《城市供水特许经营协议示范文本》等文件的出台,先后有上海、北京、深圳、南京、常州、合肥、徐州、哈尔滨等城市的自来水厂、污水处理厂通过BOT、TOT等方式,引进外资或民间资金,采用特许经营的方式,进行市场化经营。如上海竹园第一污水处理厂的BOT模式、北京市北苑污水处理厂的BOT模式、深圳市宝安区龙华污水处理厂BOT模式、南京城北污水处理厂的TOT模式、常州城北污水处理厂TOT模式、合肥王小郢污水处理厂TOT模式、徐州污水处理厂以TOT方式出让30年的特许经营权、哈尔滨太平污水处理厂BOT模式。目前全国已经实施特许经营的污水处理项目有近百个,还有大量污水处理厂正在准备实施特许经营。

四、城市污水处理特许经营存在的问题

1. 特许经营运作不规范

首先是运作程序不规范，主要表现在特许权受让者选择机制不规范。特许权授予一般都是采取招投标方式。这种方式不仅可以选择最有能力的公司，而且通过竞争降低了项目的成本，最大限度地获得社会利益。但在我国一些地方政府特许权授予程序严肃性不足，不是通过竞争而是采用定向谈判的程序确定，有些项目尽管采用了招标方式，但是由于各种原因多是采用邀请招标方式，即使是采用了公开招标方式也由于评价机制不合理，致使一些管理优秀的污水处理企业由于各种原因被排除在竞争圈之外。比如，南昌青山湖污水处理厂在招商过程中就采取与多名投资者同时谈判以迫使投资者降低回报的策略，虽然为政府赢得了一些利益，但是选择机制的公正和公平性大打折扣。同时行业监管部门在没有相关法律法规约束的情况下，固定回报、变相固定回报事件层出不穷。根本偏离了特许经营效率和效益的根本目标。

其次，特许经营协议不规范。特许权授予最终体现为特许协议(Concession Agreement)。作为 BOT、TOT 方式特许经营中最为关键的是特许权协议，它包含了政府与投资商间所有涉及到项目的内容，双方的权利和义务的约定，价格的确定，执行的具体方式等等。它是未来项目成功与否的法律文本体现。一份特许权协议应具备最直接的权利分配、风险分担、利益分享条款，每个项目从投资融资、建设、到运营管理都应有严格的执行条款，以致未来的问题都有据可循，这是需要经历认真的谈判和磋商才可最终签订的。因此，这就要求双方对这种投资方式有较深的理解，才能合理的界定各自的权利和义务。但目前市场上诸多已签订生效的协议各有不同，简单体现到协议文本数量上看，有的薄薄 4～5 页，有的则 50～60 页还加上附件，而内容则更是千差万别，一些当地政府为获得尽可能多的融资，片面追求融资成功的速度，忽略了融资的条件以及在项目运作过程中的各种风险。一些投资者由于进入市场的急迫性和缺乏项目操作经验，政府出于完成招商引资指标的片面考虑，忽视了作为长期项目投资必须遵守的程序和规范，由于对项目风险缺乏全面、系统的分析，谈判中混淆了政府和投资人的权利义务，将投资人应承担的风险部分转移到政府身上，产生了固定资产投资的固定回报，在协议中给予投资者不合理、不公平的承诺，最终增加了公众的负担。造成项目融资合同不规范、政府和投资者的权利义务不对等、水价形成机制没有采用规范的市场运作等问题若隐若现。这些隐患将会给项目的正常运作带来困难，同时也会给政府和投资者双方带来极大的风险。

2. 市场竞争混乱，合理价格难以确定

引入特许经营的根本目的是为了提高污水处理投资效率和运营管理水平，降低污水处理成本，这就需要引进具有先进的运营和管理能力的投资人，要求投资商有相关的业绩、运营的资质等等。但目前由于市场不规范，对投资人的要求不够明确，一个项目推出，可能出来十几家甚至几十家的 BOT、TOT 投资商，要从众多的投资人中选择最合适的投资商，加大政府选择难度。由于众多参差不齐的“投资商”出现，势必造成恶性竞争，而竞争最终的焦点，便是向政府收取的污水处理服务费价格。据资料显示，目前国内某些地方政府和投资商签订的污水

处理服务费单价高的达到 1.30 元左右，低的有 0.50 元左右，这么大的差价，究竟处理一吨污水成本多少？怎样的价格才是合理的？无论 BOT 还是 TOT 方式投资的污水处理厂，最终收费价格主要包括：建设成本回收、运营成本和投资收益三部分，而这其中前两个因素，又受到工艺选择，排放标准等诸多因素制约。因此价格的高低是受到不同因素制约的，一个最终价格，要么明显无法收回投资，或者无法支持正常运营，又或者刚好持平没钱赚，显然都是有问题的。当然价格的最终核定是要经过丰富的投资经验来权衡各个环节后定出，决不是简单的数字运算，而仅是粗略的定价原则。在这种情况下，片面的追求建设工程利润，设备利润等而不考虑正常运营成本定的价格势必与基于整体投资概念上价格相差甚远，而片面选择低价格的投资，最终受害的将会是政府。

3. 缺乏有效的管理

首先是管理主体不明确，由于污水处理特许经营在我国实施不久，在城市污水处理特许经营过程中，一些城市没有明确规定牵头部门、责权利不清晰。一些市政府污水处理特许经营管理部门为建设局、建设委员会等建设部门，还有一些城市管理部门为市政公用局，小部分城市是由从水利部门转变而成的水务局负责，特许经营管理的主体不明确，出身于建设领域的行业监管部门更多地关注污水处理设施建设的投资、质量和验收，忽略对污水处理特许经营投资主体的运营过程、服务质量的监管，同样负责运营管理的水务局和市政公用局等部门，由于缺少相应的特许经营管理的知识和技术和能力，缺乏对特许经营前期运作的管理，以及污水处理项目建设管理能力。由于管理主体不明确，不利于政策的纵向贯彻执行、管理以及信息交流。致使在实际特许经营管理过程中出现了政出多门、管理职责混乱，甚至是出现管理真空。

其次是管理内容不明确，职责不清，由于政府对污水处理特许经营目标及自身定位认识不清，一些地方政府在污水处理特许经营过程中，普遍存在甩包袱的思想，忽视公众责任，错误地把招商引资作为污水处理改革过程中的首要或唯一任务，急于把污水处理设施变现应付财政短缺的燃眉之急，过多地关注项目投资和建设，强化资产管理职能，忽视了特许经营的前期的管理，以及安全、稳定和高效率运营的监管，形成管理上的错位。一些污水处理 BOT 项目，由于不重视前期规划管理，造成在实际污水处理特许经营中，以至于污水处理的规模过度超前（南方某污水处理厂规模超过实际污水处理量的 2/3)，污水处理标准不切合实际，盲目追求高标准，污水处理工艺盲目追求新工艺，没有详细的经济可行性论证，往往造成单纯依靠污水处理收费根本无法满足投资者的回报，造成污水处理成本偏高，加重居民的负担。一些污水处理厂 TOT 项目也由于忽视前期管理，造成资产评估不合理，企业的经营机制无法转换，企业的负债不能合理安置，特许经营在实际运作过程中难以进行。由于对建设管理的内容不明确，造成建设管理缺位，对运营管理内容不明确造成忽视运营期的监督管理。因此，目前污水处理特许经营存在监管缺位、失效的潜在危机，致使一些监管工作没有落到实处而流于形式。

再就是缺乏行之有效的管理手段，污水处理项目特许经营在我国处于刚刚起步阶段，相应的管理体系尚没有建立起来，习惯于计划管理思维的管理部门缺乏特许经营管理的经验，因此相应的管理能力还有待于提高，缺乏特许经营管理的有效手段和方法，造成目前我国的污水处理特许经营实施过程中存在很多的问题。

4. 忽视了对特许经营前期和运营期有效管理

污水处理特许经营成功的关键在于前期决策的正确性，前期决策的正确与否直接影响到后期项目运营的成败，特别是前期的特许经营体制确定，工艺选择，规模的合理确定，投资人的引入时机等问题，都对项目的运作有直接的影响，但目前的特许经营更多的是重视投资的引入和建设的管理，却忽视了前期的决策管理，导致一些项目由于前期决策失误，带来项目后期无法顺利运营和实施。

污水处理特许经营不仅仅是解决投资和建设问题，更重要的在于安全高效的运营管理。由于特许权方式在我国污水处理应用时间不长，多数项目还处于建设期间，没有转入正常运营阶段，因此，目前大多数污水处理项目特许经营过多地关注项目的投资和建设，忽视了对运营期间的监督管理，运营管理内容不清楚，缺乏有效的管理体系，大多数污水处理项目特许经营运营管理只强调质量管理，除了质量标准外，几乎没有服务性规范与标准以及企业运营绩效考核体系，缺乏对于企业的运营水平、企业真实成本的控制与把握。由于缺乏相关配套政策，许多特许经营项目一旦签约，政府监管部门似乎就放弃或者是无法对企业的服务、质量、技术流程和运营绩效进行监管。对经营企业实际运行情况及其技术路线实施情况缺乏监督与反馈，对企业利益和公众利益缺乏有效协调等。尽管一些特许经营项目运营期间可能发生的问题目前还没有充分显现，也无法合理预期，但忽视运营管理必然影响到污水处理特许经营的健康发展。

五、污水处理特许经营政府管理的必要性

1. 污水处理的自然垄断性决定了需要政府管理

特许经营并不意味着政府甩掉了污水处理的包袱，而是肩负更加严格管理的责任。城市污水处理设施具有比较强的自然垄断的特征，由于它本身的自然垄断性，不可能是完全自由竞争的行业。消费者没有能力来选择它的服务对象和不同的产品。需要政府部门对污水处理项目的规划、投资、建设和运行进行有效管理，才能保证消费者的利益。

2. 污水处理项目的公益性特征要求政府管理

污水处理服务与一般的产品通过市场的流转，有市场流通的环节不一样，它基本上没有流通环节，直接从制造厂到消费者。污水处理项目直接关系到广大居民的切身利益，污水处理厂与千家万户相连，污水处理厂一旦有问题，可能在短时间内，就会影响到千万公众的健康。公共安全一旦出现事故，就会造成难以挽回的严重后果。因此，污水处理的公共利益特征要求加强政府管理，政府管理将包括规划制定、监管以及行业水质、服务等标准规范的制定和监督。

3. 加强管理是特许经营顺利实施的根本保证

污水处理特许经营后，污水处理设施将由私人企业投资、建设和运营，私人资本追求利润最大化的本性与污水处理设施自身公益性特征必然会产生一定的冲突，因此，政府特许经营管理既要维护公共利益和公共安全，同时又要保障投资者的合法收益，合理利润。没有有效的管

理，就不可能形成健康公平的竞争环境和有效地竞争机制，从而导致商业领域的不公平竞争，投资者的利益无法得到根本保证。特许经营不仅关注污水处理设施的投资建设，更应该关注稳定安全和高效率的运营。如果不进行有效管理，也难以全面、准确地掌握特许经营企业的经营信息，可能造成经营效率低下，污水处理成本过高，从而加重公众的经济负担，最终公共利益受到损失。

第二节 研究概况

一、国外研究现状

国外对基础设施特许经营的研究既有理论方面研究，也有实践探索。最早研究特许经营的是英国人凯德维克(Chadwick)。1896 年，他在研究当时法国自来水行业实行特许经营时，建议把它作为维多利亚社会改革的一个环节将其引进城市市政公用事业，引起了对特许经营在理论上和政策上的讨论；1910 年，威尔考克斯(Wiltox)注意到了这一制度；1968 年，德姆泽采(Demsetz)在他发表的一篇名为《为什么管制基础设施》的文章中提出了特许投标(Franchise bidding)理论，强调在政府管制中引进竞争机制，通过招标的形式，在某产业领域内让多家企业竞争独家经营权(即特许经营权)，在一定质量要求下，由提供最低报价的那家企业取得特许经营权，之后，这一制度才真正引起了人们的关注，1972 年，美国经济学教授丹尼尔 .F.史普博在《管制与市场》中对特许权竞争及价格管制都进行了系统研究，并首次提出了“特许权竞争机制”；美国经济学教授植草益在《微观规制经济学》中重点研究了自然垄断的管制，美国的波斯那尔(Posner)提出在有线电视节目引进特许经营。

国外在水务行业特许经营的理论也经历了一个漫长的发展过程，在水务事业发展的初期，城市水务由私营资本运营的，适宜于市场机制。亚当 · 斯密(Adam Smith)的“看不见的手”也为这种经济机制提供了理论支持。随着城镇规模的扩大和水务技术的发展，人们逐渐发现城镇水务事业由私营资本运营有着种种弊端。以凯恩斯(Keynesian)为代表的经济学家指出，市场不是万能的，水务等公用事业是市场失灵的领域之一，政府应该实行有效的干预。在这种经济理论的支持下，西方各国开始对城镇水务事业进行全面的国有化。政府直接决定城镇水务事业供给的数量、价格和质量。

随着国家垄断经营城镇水务事业的进行，这种模式许多不足之处，如经营效率低下、冗员严重、腐败丛生等逐步显现出来，尤其是国营水务企业成本居高不下，亏损严重，政府不得不投入大量的财政补贴。以弗里德里克 · 哈耶克(Friedrich A. Hayek)为代表的经济学家认为政府不能去做市场有能力去做的事情。20 世纪 70 年代，在财政赤字和国有垄断水务事业效率低下的双重压力下，英国政府开始改革国有垄断的水务事业。放开了水务事业的市场准入，将原有国有水务企业进行股份制改造，吸引民营资本以多种方式参与城镇水务事业的发展，形成产权多元化的局面，以私有化为主，建立适应水务事业市场化运作的独立的管理机构，强调政府的监督管理。

继英国之后,各国纷纷借鉴其成功经验对水务事业进行改革。在美国,多年来政府一直是水务的主要供给者,对水务企业实施了较为严格的管理政策。20 世纪 70 年代以后,由于传统管理政策的若干缺陷,美国率先在水务事业中实施政府管理放松政策,并探索有利于激励企业在追逐利润最大化目标的同时实现社会目标的新型管理政策及手段。

法国以租赁或特许权经营方式选择专业公司经营管理水务事业。其运作体制可以归结为:设施公有;政府利用租赁或特许经营权的方式吸引民营资本参与水务事业,以合同形式规定双方权益;政府对其拥有监督权;企业拥有开发权;政府保留对价格的干预以及单方中止合同的权力,政府仅仅起到引导、补充和管理的作用。

发展中国家开始使用特许经营模式建设运营基础设施项目的时间虽然只有几十年的历史,但是目前的发展速度很快,如土耳其、泰国、菲律宾、印度、巴基斯坦、马来西亚、印度尼西亚都在探索使用特许经营模式进行污水处理等基础设施的建设。目前,世界银行和亚洲开发银行等国际性经济发展组织也大力提倡水务事业的特许经营。认为特许经营提供了不断增长的水务事业投资需求与政府有限的财政收入之间矛盾难题的解决办法。

从已收集和查阅的文献来看,主要分为发达国家学者的研究和发展中国家研究,两者研究的侧重点不同。发达国家有关基础设施特许经营的法律体系比较健全,利率和汇率政策较稳定,国内的市场需求也比较平稳,项目融资的来源主要是本国私营部门的资金,项目的风险主要是市场风险,政府对项目的担保或承诺很少,项目将来运营状况的好坏主要取决于投资者事先的市场预测及实际的市场需求状况,因此,西方发达国家对水务行业特许经营管理研究最多的是:如何能够确保有效的竞争、保护消费者利益。对于如何确保有效竞争的研究主要是特许权招标和拍卖理论,通过价格管制,在保护消费者利益的同时,鼓励经营者投资,实现经营者的投资平衡。重点关注以成本定价的管制模式,主要有美国的投资回报率(Rate of return)价格管制模式和英国的最高限价管制模式(RPI-X)模式以及为克服两种模式的缺点的混合模式等。例如 DuoglasLamb 对英国的项目的二次融资和结构调整策略做了分析,HnaswilhelmAlnef 对于 BOT/PPP 在道路项目中的应用进行了研究。

发展中国家由于其政治和经济体制的原因,存在基础设施特许经营的法律、法规不健全、政策变动大、市场化程度不高、政府信用较低,汇率、利率波动较大等问题,政府采用特许经营模式的目的除了考虑提高项目的效率外,更多的是希望以此方式吸引资金来解决基础设施的建设需求。因此,发展中国家在具体应用这种模式的过程中遇到的问题与发达国家稍有不同,目前的研究重点主要侧重于如何更好地解决这些问题。例如 StPehneogunlnaa 对曼谷捷运系统存在的问题进行了详尽的分析,Kalidindi 系统研究了印度 BOT 公路项目的风险问题。

二、国内研究现状

在国内,推行政府特许经营则是一个全新的尝试。如何对污水处理特许经营进行有效管理还处于不断探索阶段,有关研究主要体现在理论与实践两个方面。实践方面如前所述,理论研究主要体现在以下几个方面。

1. 从理论上介绍国外污水处理等公用行业特许经营的现状及对我国的启示。如王俊豪的《中国基础设施产业政府管制体制改革的若干思考—以英国管制体制改革为鉴》(1997),巨强的《法国公共工程的特许经营权管理及启示》(2000),张国英、任荣明的《发展中国家的特许经营》(2000),徐宗威的《法国城市公用事业特许经营制度及启示》(2001),赵丽的《法国城市公用事业探秘》(2001),李心丹《西方国家公用事业企业投资及管理模式分析》(2001),杨鲁豫的《法国水管理的启示》(2002)等。这些文章都比较详细地介绍了西方发达国家在市政公用行业实行特许经营的原因、特许经营的方式、对我国的借鉴作用等观点。

2. 探讨我国的污水处理特许经营的必要性、可行性以及存在的制约因素。如李东序的《市政公用事业市场化与建立特许经营制度》(2003),慧聪的《特许经营加速城市水业市场化进程》(2004),王连山《特许经营–我国城市公用事业改革的现实选择》(2003),许明杰、孙钰的《基础设施特许经营研究》(2006)等。这些文章对我国市政公用事业改革的方向和我国实施特许经营的必要性以及实施特许经营的意义进行较为深入的分析和研究。刘宏远、丁春生等的《以BOT方式兴建小城镇污水处理厂的可行性研究》(2002),杨万东、刘宏远等《小城镇污水处理厂的BOT建设方式探讨》(2002),贾国宁的《以内资BOT方式建设我国小型污水处理厂的可行性研究》(2004)等对BOT特许经营方式在我国污水处理行业应用的可行性进行了探讨。孙剑英、孙彩《民营经济参与BOT项目面临的障碍因素及其对策》一文对我国民营经济参与BOT项目存在的制约因素进行了分析并提出了相应对策。

3. 围绕污水处理特许经营的运作管理研究。如臧广州的《市政公用行业特许经营与市场化运作》(2003,中国科学技术出版社),史东祥、杨万东等《小城镇污水处理工程BOT》(2003,化学工业出版社),北京大岳咨询公司的《公用事业特许经营与产业化运作》(2004,机械工业出版社),澎晓云的《市政公用事业特许经营管理办法实施手册》(2004,中国多媒体电子出版社),袁家楠、郑淑君等著的《水务特许经营项目招投标实务》(2006,化工出版社)都对实施特许经营的运作过程和运作程序进行了详细的论述和分析,这方面文章也很多,如周爱强、杨俊杰《如何规范操作BOT项目》(2005),冯松林《我国私营BOT特许权协议项目的运作》(2002)薛军《BOT运作实践与风险》(2002),金永祥、谭轩《BOT项目的开发周期》、《TOT项目的特点与运作实践》(2002)等。

4. 围绕特许经营合约管理相关问题的研究。如于国安与杨建基的《基础设施特许经营权中特许权转让有关问题的研究》一文详细论述了特许期结束后政府与企业间特许权转让的补偿问题(2003);于国安与杨建基的《基础设施特许经营与特许权合约研究》一文(2004)、邓淑莲的《中国基础设施的公共政策》一书都对特许权合约设计问题进行了分析(2003);钱维、宋妍《特许权授予的招投标及合约关系分析》(2005)分析了特许经营项目存在的合约关系,指出通过特许经营协议,起到了促进效率的激励作用。牛学义《城市污水特许经营的若干问题探讨》(2004)对城市污水处理项目特许经营涉及的主要技术性问题进行了定量研究。边立明、杨建基等《基础设施特许经营中的投资回报率分析》(2003)对如何确定合理的投资回报率进行了定量分析,丘佳梅、刘禹民等《政府管制下公用事业特许经营产品价格形成探讨》(2005),许光建、李秋淮《市政公用事业特许经营中的价格管制问题研究》(2004)等文章对特许经营的价格形成机制以及政府管制进行了定性分析，李启明、申立银《基础设施 BOT 项目特许权期的决策模型》(2000)，王娅、宇德明《BOT 项目特许权期限的决策模型》(2004)，于国安《基础设施特许经营中特许权期的决策分析》(2006)等文章运用数学模型对如何确定特许权其进行了定量研究。

5. 对特许经营项目风险管理的研究。如钟明霞在《公用事业特许经营风险研究》一文中对市政公用事业特许经营中存在的风险、风险表现形式及风险的承担进行了比较系统的研究(2003)；肖林，王海成，王方华，张祥《项目融资特许经营权价值风险》(2003)对特许权价值的风险进行了分析；欧显涛，刘玉峰，钟韵的《BOT 项目风险转移实证分析》(2004)，孙涛的《BOT 模式下的风险管理研究》(2004)，云凌莉的《BOT 方式中的政治风险防范》(2005)，岳锋利的《BOT 项目的风险分析与防范策略》(2004)，张星、孙建平等的《BOT 项目风险的模糊综合评价》(2004)，戴大双、于英慧的《BOT 项目风险量化方法与应用》(2004)，王建飞、王延伏的《BOT 项目政治风险的防范与政府担保》(2004)，杨萍、刘先涛的《BOT 项目中信用风险的动态均衡分析》(2005)，张利、周戒等的《TOT 项目融资模式及其风险分析》(2004)等这些文章对特许经营项目的政治风险、信用风险、财务风险等各种风险进行了比较深入的分析，并且通过建立数学模型定量提出了各种风险的管理措施。李尔、范跃华的《水务项目 BOT 的风险分析方法探讨》(2005)，吴建、王莉红等的《城镇污水处理厂 BOT 项目运作程序及风险管理》(2004)对污水处理厂的 BOT 特许经营项目风险进行了分析，提出了风险识别、评价与管理的方法。

6. 对特许经营相关的管理法规及政策研究。晓静的《BOT 投资的法律保障问题研究》(2004)，王新峰《BOT 项目公司的法律性质分析》(2004)分析了 BOT 项目的法律特征，提出了国家相关的法律法规不健全并对我国 BOT 项目立法提出建议，韩松的《BOT 投资方式的法律保障及其管制》(1997)对 BOT 项目的法律关系以及法律保障问题进行了分析，《城市水业的 BOT 及其法律问题》(环境经济论坛，2004)研究了水业 BOT 项目存在的法律问题，邹国勇的《BOT 中的政府保证问题探析》(2004)和绳丽娜的《政府在 BOT 项目中的法律角色》(2004)，张惠彦的《BOT 投资融资中的政府保证》(2005)等文章对政府在 BOT 项目中的法律角色、政府保证的内容进行了深入分析，通过分析我国现行立法指出了如何完善 BOT 项目的政府担保。

第三节 研究方法和主要内容

在总结前人研究的基础上，采用理论分析与实践相结合的、定量分析与定性分析相结合、宏观分析与微观分析的研究方法，根据已有的理论和方法对特许经营的前期规划管理、准入管理、建设管理和运营管理进行了科学、系统、全面的分析，对特许经营管理内容、方法和程序进行了深入探讨，提出了较为可行的污水处理特许经营管理的内容、思路和方法。

本书由六部分内容构成：

第一部分：主要针对目前我国城市污水处理特许经营的典型模式——BOT 和 TOT 模式

运作程序，进行了详细介绍。分别对外资特许经营和内资特许经营的运作程序进行了详细阐述。

第二部分：污水处理特许经营成功的关键在于前期决策的正确性，需要首先明确特许经营的体制问题，本部分首先分析了"厂网分离"的特许经营体制，即只对污水处理厂实施特许经营。针对现有污水处理厂和新建污水处理厂的特许经营模式，对特许经营招标的阶段进行分析，对污水处理厂建设前期规划污水处理厂建设规模的合理性研究，污水处理工艺方案的合理选择，污水处理标准的合理确定，污泥的合理处理方式等内容进行了比较深入研究。对现有污水处理厂特许经营前期资产评估的合理性，债务的合理分担，以及职工的合理安置进行了研究。

第三部分：规范有序的市场竞争，是保证污水处理提高效率，降低成本的关键。在市场机制下，通过市场充分竞争选择特许经营者，一定程度上可以促进市场主体之间的整合与优胜劣汰，节约社会资源。有效的准入制度可以保证形成有效的竞争，还可以避免过度竞争所带来的规模不经济和效率损失。准入监管研究包括：明确规定市场准入的资质条件和等级标准，建立资质等级审查评定制度，并限定不同资质等级的投资商和运营商的市场准入范围；确立规范的市场准入规则，包括对投资者的投资实力、技术水平、管理机制、管理人才的明确规定、投资者的选择模式、选择程序、评价方法的研究。通过准入管理研究建立规范有序的进入机制。

第四部分：和传统的政府直接投资建设模式相比，污水处理特许经营项目，从特许经营协议签订以后，污水处理项目的融资、建设全部由投资人负责，项目的建设投资、进度和质量主要依靠投资人直接控制和管理，城市污水处理项目作为重要的公用基础设施，如何确保投资人在规定的工期内按照要求的质量标准完成项目，并及时投入运营，是政府最迫切关心的问题。因此，污水处理项目的投资、进度、质量控制仍然是建设阶段政府监管的核心。建设监管主要是研究了污水处理厂的建设投资的控制、建设质量的控制和建设工期的控制，探讨了建设投资、建设质量、建设工期控制得的意义、控制方法和控制程序。

第五部分：污水处理投资和建设只是开始，关键在于运营。运营管理是特许经营管理的重要内容，运营监管是否有效直接影响到特许经营的成功与否。运营监管研究的内容首先是运营质量监管研究，包括水质、水量质量标准、监管方法、监管程序和奖惩措施；成本控制是城市污水处理运营监管的重点和难点，是消费者关注的核心，也是投资运营企业合理利润的源泉。因此通过运营成本和价格监管研究，明确合理的成本和价格构成，确立合理的价格形成机制，建立有效合理的价格调整机制和付费机制。通过安全运行监管研究，建立设施安全运行的良好维护机制，保证设施的完好率，确保设施安全稳定的运营和最后资产的顺利移交。

第六部分：本部分内容是以曾经参加过的污水处理特许经营项目——江苏省某城市污水处理项目特许经营的运作实际作为案例，详细阐述了污水处理厂特许经营管理理论在实际中的具体运用和取得的成效，通过具体的应用分析，总结经验，希望能为今后我国的污水处理特许经营加强管理提供借鉴和指导。

城市污水处理特许经营运作程序

第一节　城市污水处理特许经营理论分析

一、城市污水处理项目及其特征

1. 污水处理项目构成

城市污水处理是指净水经使用后，废弃污水通过城市排污系统，由管网回收后输送至污水处理厂，经过处理后的污水进行达标排放，从而减少对环境的污染和影响；也可以将处理后的污水作为再生资源，通过管网由输送至供水加工厂，生产出不同分类的水循环再用，从而提高城市水资源的利用率。

一个完整的城市污水处理项目包括污水收集系统和污水处理厂（图 2-1）。污水收集系统是污水处理过程中必不可少的一个组成部分，包括污水收集管网、各种检查井、溢流井等设施，必要的污水提升泵站及相关设施等。城市污水处理厂是处理城市污水、污泥的一系列构筑物及其附属构筑物的综合体，是城市发展的重点基础设施，是城市水污染控制、水环境保护工作中的关键工程，它对社会经济的高速、稳定、可持续发展起着保障和促进作用。没有完善的污水收集系统，污水就得不到有效的收集和输送，即使污水处理厂建成也难以发挥其污水处理功能。

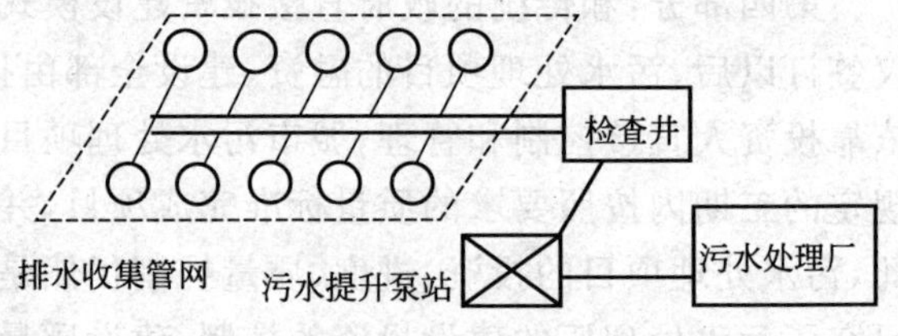

图 2-1　城市污水处理项目构成

2. 城市污水处理项目特征

(1)自然垄断性

城市污水处理项目具有传输服务的网络系统，城市污水处理是通过城市排水管网，将收集到的污水送到污水处理厂进行集中处理，污水处理生产企业必须借助于污水收集系统，才能将污水处理服务传递给用户，消费者也必须借助于排水输送管网传输才能使用企业生产的产品或服务。根据现有的技术，污水的传输成本非常高，不可能建立全国性的长途传输管网，调解全国污水处理市场的平衡，具有较强的地域性，难以跨地域提供服务。另外，由于不同污水的成分复杂，混合传输不仅使污染难以控制，而且会产生难以预见的化学反应，所以污水处理具有典型的区域性特征。同时，污水处理厂的布局必须考虑合理半径，在一定区域内通常只能布局一家，在相当长的时间内，它供应的区域内不宜再建第二家，形成自然垄断。这种区域内的自然垄断性成为新企业进入污水处理市场的自然障碍。

(2)规模经济性

城市污水处理项目一般投资额度巨大，动辄数百万、上千万，甚至数亿，且投资具有沉淀性。管网、设备等固定投资由于有很强的长期使用性质，折旧需要较长时间，同时又很难将这些设备转用于其他用途，污水处理产业具有很强的资产专用性和显著的沉淀成本特征，因此，存在大量沉淀资本。需要大规模生产才能够将成本降到较低水平，具有很强的规模经济性，使得现有企业的竞争者存在较高的进入壁垒。任何无序竞争都可能对行业和社会带来巨大的损失，并将导致社会资源的极大浪费。

(3)社会公益性

相对其他基础设施服务而言，污水处理提供的服务具有广泛的社会公益性和外部经济性。因此在衡量污水处理项目的投资效益时，首先要考虑其社会效益。污水处理是公众所需要的基本服务，且具有公共性，普遍服务特征也是自然垄断产业的基本要求。也正因为如此，污水处理业中污水处理费长期被人为规定低于其实际成本，这使得政府必须以不同形式向污水处理企业提供大量补贴。

(4)承载双重目标

城市污水处理对于改善居民生存环境，改善地区投资环境，吸引外商投资，促进区域经济社会发展等方面具有重要作用。城市污水处理的重要性决定了其生产经营活动需要达到双重目标：一是社会目标，包括为城市居民提供持续、安全、稳定的普遍服务，促进污水处理成本不断降低，污水处理质量和效率不断提高；二是企业利润目标，即城市污水处理需要取得合理的投资回报，保障污水处理企业维持生产和扩大再生产能力。

二、城市污水处理特许经营必然性

根据公共物品理论，城市污水处理项目提供的产品和服务介于公共消费与私人消费之间，属于准公共物品，具有公益性、垄断性、竞争性、收费性等明显的特征。

城市污水处理项目提供的产品和服务是为了满足社会生产部门和公众的共同需要，具有联合消费、共同受益的特点，因此，公益性特征决定了这类产品和服务的消费必然具有一定程度的外部性和公共性。这样，如果该行业仅由市场进行调节，其公益性将导致供给不足，这就需要政府的介入。由于该领域的投资活动具有正外部性，应当由政府主导并代表公众进行投资建设和经营。政府参与基础设施的投资运营，是对市场缺陷的弥补。

竞争性决定了城市污水处理项目的投资和经营主体的多样性，在政府主导的前提下，允许外资和其他企业作为主体参与该领域的投资和经营，存在理论上的可行性和合理性。在政府投资的同时，增加私人资本的投入，有利于发挥市场机制调节作用，使基础设施的服务质量和经营效率得到提高，更好的维护公众的利益。由于城市污水处理项目对于经济增长具有较大的影响，加上城市污水处理项目自然的垄断性，为维护公众的利益，在城市污水处理项目的投资经营中不会和一般的行业那样完全由市场来决定，而必须由政府采取一定的引导和管制措施。

垄断本身就意味着否定竞争，损害经济效率，而攫取垄断利润就危害了公众的利益，社会福利遭到损失。为此，垄断行为必须受到政府的管制（如授予某个企业在一个市场提供某种产品或服务的特许权），这是政府必须介入该领域的基本原因之一。由于城市污水处理项目在社会经济中具有十分重要的地位，为避免重复投资和建设，法律可以赋予经营企业的垄断地位，其服务内容、经营范围、产品和服务价格需要按照规定的程序制定。

公益性和垄断性的特点，决定了城市污水处理项目的投资和经营具有"非市场性"的因素，它的活动应当局限于市场失灵的领域，按照非盈利性，以非市场的手段来进行。但是收费性（私人性）和竞争性的特点，又意味着基础设施的投资和经营是"市场性"的。这样，城市污水处理行业就同时具有了市场和非市场的两重性质。因此，城市污水处理特许经营就是如何正确处理城市污水处理项目投资建设和经营的问题，实质上是如何实施政府管制和发挥市场机制作用的问题，如何依据城市污水处理行业的公共性和私人性的混合状态安排政府和企业的投资比重问题，以及如何选择合适的基础设施投资运营方式的问题。

水务项目特征与特许经营关系如图 2-2 所示。

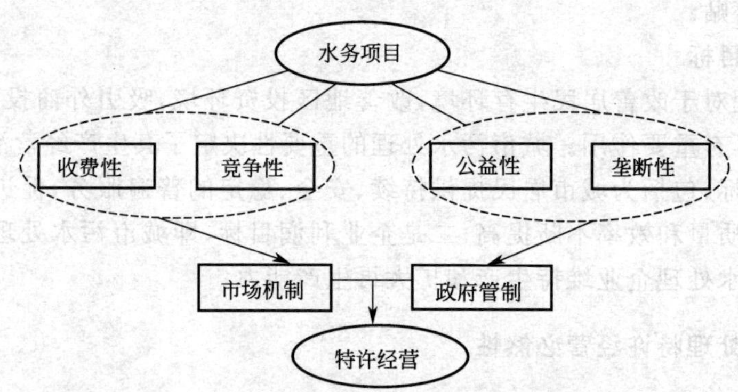

图 2-2　水务项目特征与特许经营关系图

第二节　城市污水处理特许经营分类

一、从污水处理设施融资建设角度分类

1. BOT(Build-Operate-Transfer)模式的特许经营，指特许权人投资修建一个新的污水处理设施项目，运营一定时期后移交给政府。国内狭义的污水处理设施特许权就是指 BOT 方式的特许权。

2. TOT(Transfer-Operate-Transfer)，指政府将已建成的正在运营或即将开始运营的污水处理设施通过特许权协议转给特许权人，特许权人通过向政府交纳特许权费或设施使用费获取特许权，运营一定时期以后移交给政府。政府可以利用融到资金建设新污水处理设施或用于其他公益性项目建设和维护。

3. ROT(Rehabilitate-Operate-Transfer),它具有租赁经营的全部特点,但特许权人首先要投资修复或改、扩建已有基础设施。

二、从污水处理设施资产形成来分类

特许经营分为两种:特许权人进行污水处理设施投资的特许经营和特许权人不进行污水处理设施投资的特许经营。特许权人不进行污水处理设施建设的大规模投资,可以为特许权的转让提供条件,有利于频繁的特许权竞争,激励特许权人提高生产和经营效率。一旦需要特许权人进行建设投资,由于要保证投资者的收益,一般需要较长的特许权期限,或在特许权移交时对投资进行合理补偿,在合约不完全或补偿制度不完善时,可能达不到激励特许权人提高效率的目的。

三、从政府实行污水处理设施特许经营目的分类

特许经营分为两种:融资型的特许经营和效率性的特许经营。融资型特许经营以污水处理设施建设或改建的资金筹集为目的,可以有效解决政府污水处理设施建设资金短缺的问题;效率型的特许经营是政府管制和民营化的一种实现形式,以改进污水处理设施生产经营效率为目的,涉及价格理论和市场竞争理论等复杂问题,强调特许权授予过程中的充分竞争,是政府管制经济学理论中作为在自然垄断行业引入竞争的一种手段。

第三节　城市污水处理特许经营典型模式——BOT 模式

一、BOT 模式特点

BOT(Build-Operate-Transfer)意为建设—经营—转让,是一种直接吸收私营企业(包括外方企业)资金和技术,用以建设、运营和转让(转让给公用部门)基础设施的方式。实施时,政府授权给下属专业公司,由该公司邀请私营企业投标,经过谈判签订专营合同。经政府批准某企业获得特许权后筹措资金成立专营公司,设计、建设运营该项目(通常为 20～50 年)而获取一定收益,在特许期结束后将该项目无偿转让给当地政府运营。

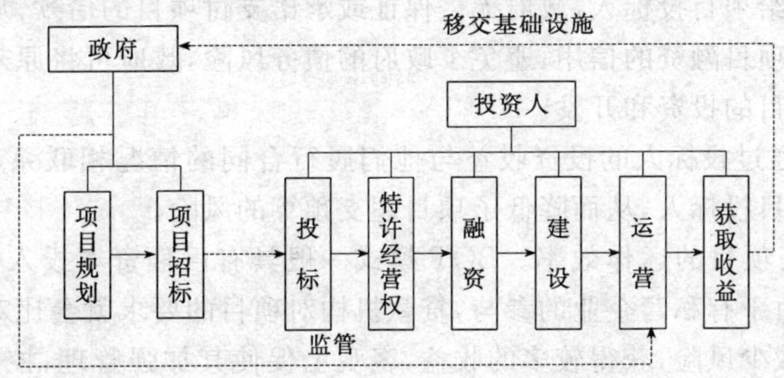

图 2-3　BOT 项目运作流程

在 BOT 项目中,资金的融资方式、风险的分担、资金的结构、回报率的确认以及政府与专营公司各自的地位等是重要的影响因素。BOT 不仅是一个融资的协议,而且还是一个长期专业化合作的协议。在协议的基础上,公、私双方建立起伙伴关系,并向公众提供经济、高效的服务。BOT 的运作过程可用图 2-3 来说明,BOT 融资模式的实质是将国家的城市污水处理设施建设和经营管理民营化,其对我国基础设施建设有明显的促进作用。

BOT 的融资方式实质上是一种债务与股权相混合的产权组合形式,整个项目公司对项目的设计、咨询、供货和施工实行一揽子总承包,如图 2-4 所示。与传统的承包模式相比,它具有以下一些特点:

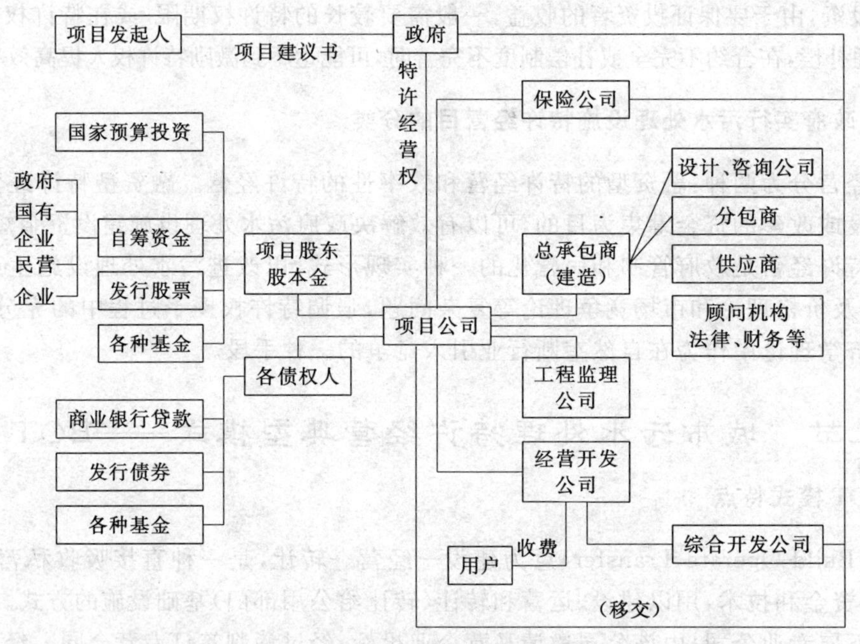

图 2-4　BOT 模式结构框架

1. 采用 BOT 模式能够减少政府的直接财政负担,减轻政府的借款负债义务,所有的项目融资责任都被转移给项目投标人,政府无需保证或承诺支付项目的借款,从而也不会影响东道国和投标人为其他项目融资的信用,避免了政府的债务风险,政府可将原来须用于这些方面的资金转用于其他项目的投资和开发。

2. BOT 方式通过投标人的投资收益与他们履行合同的情况相联系,政府机构把项目的风险全部转移给项目投标人,从而降低了项目超支预算的风险。

3. 有利于提高项目的运作效率。BOT 模式一般具有巨额资本投入、项目周期长等因素带来的风险,同时由于有私营企业的参与,贷款机构对项目的要求就会比对政府更加严格。另外,私营企业为了减少风险,获得较多的收益,客观上促使其加强管理,控制造价,因此尽管项目前期工作量较大,但一旦进入实施阶段,BOT 项目的设计、建设和运营效率就会比较高,用户可得到较高质量的服务。

4. 采用BOT方式承建的项目一般规模大，投资额高，建设和经营期限较长，因此它对项目的外部环境（如政治局势、经济状况等）、合同签订（如施工承包、材料供应等）、汇率、利率、收益和有关政策法规等因素影响较敏感，因此谈判费时而且复杂，任何变化都会影响最终的中标人选；前期准备工作复杂，涉及政府部门和非政府部门关系繁多，需要较高的管理水平。同时，项目收益的不确定性也较大。

5. 可以提前满足社会和公众的需求。采取BOT方式，可在私营企业的参与下，使一些本来急需建设而政府目前又无力投资建设的城市污水处理设施项目，在政府有能力建设前，提前建成发挥作用，从而有利于全社会生产力的提高，有利于刺激经济的发展和提高就业率。

6. 对于采用外资BOT项目，他们会给发展中国家带来先进的技术和管理经验等，这些因素对于本国国际承包商的成长非常有利。BOT项目模式也给大型承包公司提供更多的发展机会。BOT项目的收入一般为当地货币，在发展中国家项目公司的组成成员往往来自国外，项目建成后会有大量外汇流出，宏观上将影响到东道国的外汇平衡。

二、BOT模式的衍生模式

由于具体项目的条件不同和实际操作上的差异，特许经营BOT方式的具体结构也相应的随之改变。BOT模式又衍生出下列几种具体形式：

1. BOT(Build-Operate-Transfer，建设—运营—移交)

即前面已论述的含义。政府授予项目公司建设新项目的特许权协议时通常采取此种方式，这也是标准BOT特许经营方式。

2. BOOT(Build-Own-Operate-Transfer，建设—拥有—运营—移交)

由私营部门融资建设城市污水处理设施项目，项目建成后在规定的期限内拥有项目的所有权并进行经营，规定期满后将项目移交给政府部门。BOOT与BOT主要有两点区别：一是所有权的区别，在BOT方式下，项目建成后，私人只拥有所建成项目的经营权，而在BOOT方式下，私人在项目建成后的规定期限内拥有经营权和所有权；二是时间上的区别，采取BOT方式，项目建成到移交的时间一般比采用BOOT方式要短。

3. BOO(Build-Own-Operate，建设—拥有—运营)

即私营部门根据政府赋予的特许权，建设并经营城市污水处理基础设施，但并不在一定时期后将该项目移交给政府。

4. BOOST(Build-Own-Operate-Subsidize-Transfer，建设—拥有—运营—补助—移交)

在投资（经营）人的运营收入与预期收入不相符时，政府可以考虑给予一定的补助。

5. BLT(Build-Lease-Transfer，建设—租赁—移交)

即政府出让项目建设权，在项目运营期内，政府有义务成为项目的租赁人，在租赁期结束后，所有资产再移交给政府。

6. BT(Build-Transfer，建设—移交)

即项目建成以后立即移交，可按项目的收购价格分期付款，与传统意义上的总包合同无太大的区别。

7. IOT(Investment-Operate-Transfer，投资—运营—移交)

即收购现有的基础设施，然后根据特许权协议进行运营，最后移交给政府。

8. TOT(Transfer-Operate-Transfer，移交—运营—移交)

是一种国际上较流行的项目融资方式。它是指政府部门或国有企业将建设好的项目的一定期限的产权和经营权，有偿转让给投资人，由其进行运营管理，一次性融得一笔资金，用于建设新项目；投资人在一个约定的时间内通过经营收回全部投资和得到合理的回报，并在合约期满之后，再交回给政府部门或原单位的一种融资方式。其运作模式如图 2-5 所示，TOT 方式的基本特点：

(1)风险低且能带动产业发展。

TOT 方式是将现有已经建成的设施转让给投资者，一般不涉及项目的建设过程，避开了 BOT 方式在建设过程中面临的各种风险和矛盾，如建设成本超支、工程停建或者不能正常运营、现金流量不足以偿还债务等，同新建项目相比，面临的风险和矛盾已大大降低，又能尽快取得收益。投资人与新建项目没有直接关系，避免了前期投资大，周期长，投资风险高，投资人不愿参入的缺点，因此吸引外资的成功率高。另外，TOT 融资方式只涉及经营权转让。一般在项目转让过程中，只转让项目经营权，不转让项目所有权，避免了产权、股权之争，因此容易使双方达成合作，在现行条件下较易推广进行。

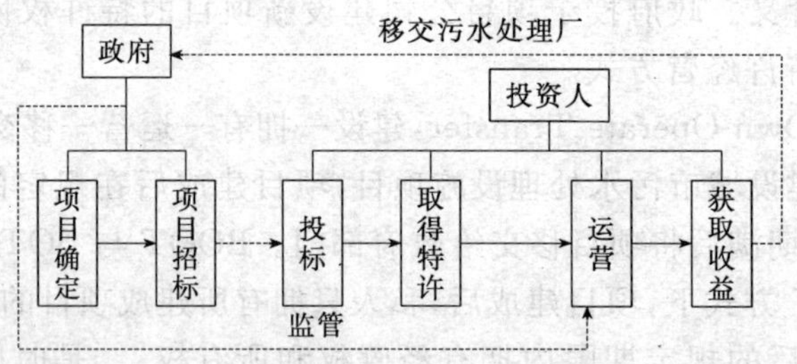

图 2-5　污水处理特许经营 TOT 运作流程

(2)盘活存量资产，拓宽城市污水处理项目融资渠道

在我国 TOT 多用于桥梁、公路、电厂、水厂、污水处理等基础设施项目。有利于盘活国有资产存量，为新建基础设施筹集资金，加快我国基础设施建设步伐。利用 TOT 融资方式，其一是盘活现有基础设施的存量资产，实现国有资产的保值增值；其二是为拟建新的基础设施项目融入了资金，缓解了资金短缺的矛盾，加快了基础设施的建设速度；其三是外资民营增量的进入，有利于提高国有经济的整体质量和素质。对盘活国有资产、搞活国营企业而言，TOT 方式是一种较好的融资方式。主要用于城市公用基础设施，政府部门或原企业将城市污水处理项目等基础设施项目移交出去后，能够取得一定金额的资金，以利于再建设其他项目，有效拓宽了项目融资渠道。

(3)减少政府财政压力

城市基础设施建设一次性投资大，运营期间的补贴高，一直令政府颇感棘手。通过 TOT 模式吸引国外的投资者购买现有的基础设施，可以减轻政府的财政负担，这主要体现在两个方面：一是通过资产的转让，政府可以得到一部分资金，用于建设其他的基础设施，或者偿还因建设转让的基础设施项目而背负的债务，或者安排国有企业的富余人员；二是将基础设施转让以后，每年可以减少大量的财政补贴。

(4)提高城市污水处理设施运营管理效率

在我国多数污水处理项目由事业单位垄断经营，管理体制僵化、模式陈旧，导致运营管理缺乏效率，运营成本高，设备和设施的寿命短。外资或民间资本通过 TOT 方式获得污水处理设施的经营权后，变成真正意义上的企业，企业以追求利润最大化为最终目的，为此，必然运用先进的运营方式和经营管理方法，提高运营管理效率，降低运营成本。这将对我国的城市污水处理设施经营管理者产生一定的技术外溢效应，使他们学习到先进的运营管理技术和经验，从而提高整个污水处理经营效率。城市污水处理设施运营管理效率的提高，将提高项目产品质量，降低产品的市场价格，使广大的居民和消费者从中受益。政府通过监督其出水水质，从而取得经济和环境效益。

(5)转让需与改制同步进行

现有的基础设施往往由一个规模不小的国有企业经营管理，可能存在着冗员、非经营性资产多、历史包袱和社会包袱沉重或者负债重等问题。在转让前，必须就如何解决富余人员的安置、如何剥离非经营性资产、如何解决企业办社会形成的包袱、如何安排企业的债务等问题进行研究，确定一套切实可行的方案，并报政府批准。

9. TBT(Transfer-Build-Transfer，移交—建设—移交)

TBT 两种形式：有偿转让——公共部门有偿转让已建项目的经营权，一次性融得资金并将其入股 BOT 项目公司，参与新建 BOT 项目的建设与运营，直至收回运营权；无偿转让——公共部门将已建项目的运营权无偿转让给投资人，条件是与 BOT 项目公司按一个递增的比例分享待建项目建成后的运营收入。

10. BOT 与 TOT 组合融资模式

BOT 与 TOT 组合融资模式就是将 TOT 与 BOT 项目融资模式结合起来的一种融资模式，即政府通过 TOT 方式将已建设施的经营权在一定的特许经营期内转让给投资者，同时通过 BOT 方式将新建项目设施的建设与经营权在一定的特许经营期内转让给同一投资者，在特许经营期满后收回经营权。

其运作过程如图 2-6 所示，政府需要对现有的已建设施首先进行资产评估，在资产评估的基础上将已建设施与拟建设施一并通过公开招标方式选择投资人，投资者选定以后，政府与投资者要签两份特许协议，一是在一定特许期内转让已建设施的经营权，二是转让新建项目的建设与经营权。投资者通过与政府签订 TOT 特许协议取得已建设施的特许经营权，同时投资者通过与政府签订 BOT 特许经营协议，获得拟建项目设施的建设和运营权。政府可以将从

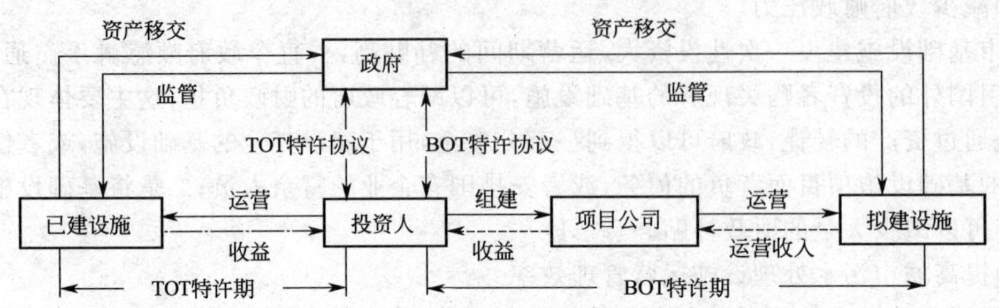

图 2-6 基于 BOT 与 TOT 结合融资模式运作流程

投资者手中融得的资金用于原有职工的安置和污水管网项目的建设与维护，也可以将部分资金入股项目公司以 BOT 方式建设新的项目。投资人在特许经营期内，在政府监管之下，通过先后对新建和已建设施两个设施的运营获得收益。特许经营期满后将两个设施一并移交给政府。其运作特点：

(1)对政府来说，首先，城市基础设施建设一次性投资大，运营期间的补贴高，通过 TOT 模式吸引投资者购买现有的基础设施，一是通过资产的转让，政府可以得到需要的一部分资金，用于建设其他的基础设施，或者偿还因建设转让的基础设施项目而背负的债务，或者安排国有企业的富余人员。二是将基础设施转让以后，每年可以减少大量的财政补贴。通过 BOT 方式吸引投资者建设新设施，在政府财力投入不足的情况下也可以及早完成急需的基础设施，因此可以减轻政府的财政负担。其次，现有的基础设施往往由一个规模不小的国有企业经营管理，可能存在着冗员、历史包袱和社会包袱沉重等问题。对原有设施转让与改制同步进行，转让前就如何解决富余人员的安置确定一套切实可行的方案，并报政府批准。通过与投资人签署的特许协议可以对原有设施企业的职工进行合理安置，有利于社会稳定。最后，由于特许经营招标运作程序复杂，专业性强，需要专业的项目咨询公司介入。如果对原有设施和新建项目分别实施特许经营招标，其运作周期会大大延长，相应的运作费用也会大大增加。将 BOT 与 TOT 结合一次性招标选择投资人，可以大大缩短运作周期，降低运作成本。

(2)对投资者来说，BOT 方式在建设过程中可能面临的各种风险和矛盾，如建设成本超支、工程停建或者不能正常运营、现金流量不足以偿还债务等，通过 TOT 方式获得现有已经建成的设施特许经营权，可以尽快取得效益，相应降低了整个经营风险，使整个项目投资更容易成功。其次，BOT 新建项目在建设过程中，通过对原有设施经营可以不断发现经营中的问题，同时积累丰富的运营经验，为新建设施尽早投入运营打下良好的基础。再就是由于基础设施项目具有自然的垄断性，一次性投资大，沉没成本高，只有依靠大规模生产才能降低单位成本，因此具有显著的规模经济性。通过将已有设施和新建设施同时转让给一个投资者经营，确保了规模生产，保证了投资者的利益。

(3)对消费者来说，外资或私人资本通过 BOT 和 TOT 相结合方式获得基础设施的经营权后，必然运用国际上同行业先进的运营方式和经营管理方法，提高运营管理效率，降低运营成本。这将对我国的基础设施经营管理者产生一定的技术外溢效应，使他们学习到先进的运营管理技术和经验，从而提高经营效率。基础设施运营管理效率的提高，将带来经营成本的降低，使广大的基础设施消费者从中受益。

当然，除了上述各种方式外还有一些其他方式，虽然它们在具体成分上存在着一些差异，但由于它们的结构与 BOT 并无实质上的差别，在基本原则和思路上是一致的，所以习惯上仍将它们统称为 BOT 模式。

三、我国城市污水处理特许经营模式

我国的基础设施特许经营的模式大多采用 BOT 模式。目前，BOT 方式广泛应用于我国的收费公路、发电厂、水务设施、地铁、桥梁、隧道和环线高架等基础设施。除 BOT 模式之外，我国还有许多项目使用 BT、BOO、TOT 等模式进行建设和运营。使用特许经营模式建设的基础设施项目有 2008 奥运项目的部分体育场馆的建设、北京地铁新线路的建设等。

城市污水处理项目特许经营主要的应用模式采用 BOT 模式和 TOT 模式，还有少部分采用承包经营和 ROT 模式。对于新建的污水处理项目目前基本是采用 BOT 模式，对于已经建成运营的污水处理项目特许经营主要是采用 TOT 模式，因此，本书主要围绕 BOT 模式和 TOT 模式特许经营进行论述。

第四节　城市污水处理项目特许经营运作程序

一、BOT 模式运作程序

目前，我国还没有一部专门的关于 BOT 项目确立和实施的法律或行政法规。根据现行国务院有关行政主管部门的规定和已有的 BOT 项目试点情况，我国的 BOT 项目主要是指由省、自治区、直辖市、计划单列市、副省级城市人民政府以及地方政府或者国务院有关主管部门授权的国有独资公司或者公用事业单位，通过特许协议，准许境外投资者依据中国有关外商投资企业的法律、行政法规成立的项目公司，在规定的项目期限内，承担项目的投融资、建设、运营和维护，并在项目期满后，将项目设施及权益无偿移交给地方政府或者授权机构。按照现行管理体制，国务院计划主管部门会同国务院有关主管部门负责 BOT 项目的组织和协调，并依据法律和行政法规的规定以及社会公共利益的要求，对项目公司的建设、运营和移交进行监督、管理。在我国兴建 BOT 项目，必须是符合国家产业政策的交通、能源、城市供排水等基础设施项目。BOT 项目的项目期限一般根据项目投资额、投资风险和投资回收期的长短确定，大多不超过 30 年。按照有关部门的现行规定和项目惯例，我国污水处理 BOT 项目的确定和实施，一般要经过以下一些程序(图 2-7)：

项目确定阶段、项目立项阶段、招标准备阶段、资格预审阶段、准备投标文件阶段、评标阶段、谈判阶段、融资和审批阶段、实施阶段(包括设计、建设、运营和移交)。

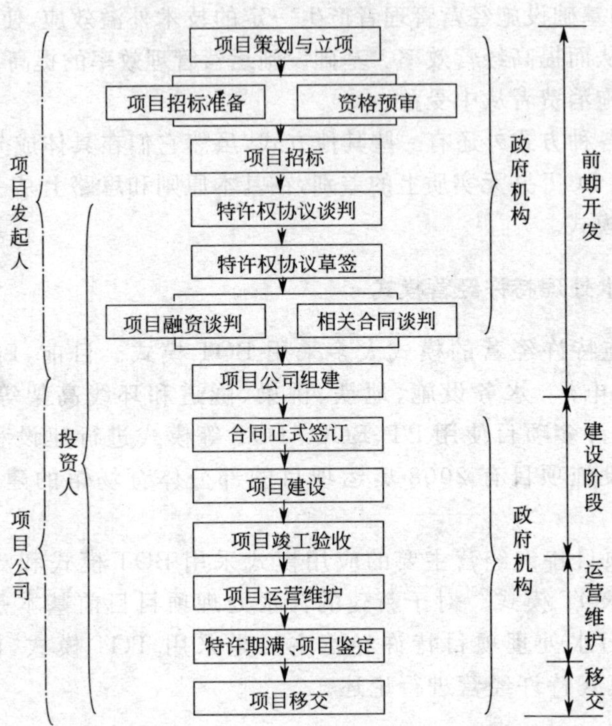

图 2-7　城市污水处理特许经营 BOT 模式运作程序

1. 项目确定

这一阶段的主要目标是研究并提出项目建设的必要性、确定项目需要达到的目标，通过研究提出《项目建议书》或《预可行性研究报告》。

传统的政府投资项目，一般通过聘请咨询公司或者设计院，编制项目建议书和可行性研究，并通过召开咨询会议和审查会议的方式对项目的规模、技术、经济等方面的内容进行优化，并通过计划管理部门下达批文的方式加以确定。

与传统的政府项目不同，BOT 项目在这一阶段的主要目标是确定项目建设的必要性，并进一步研究确定设计规模和项目需要实现的目标，而不需要确定项目采用的技术、项目投资额或者投资收益水平。因此，在招标文件中不需要详细规定项目的技术方案和实施方案，只需要简单描绘出项目在规模、技术、经济等方面的大致要求，鼓励投标人在项目构想和设计方面提出新的观点，发挥他们各自的技术和经验优势，从而有利于政府从各投标方案中选择一个最佳方案作为实施方案。一般情况下，政府会聘请咨询公司或者设计院进行预可行性研究，提出项目技术要求并进行实施方案比较，达到对项目的有效控制。

项目是否具备合理的投资收益，或者说，政府是否准备允许投资人获得合理的投资回报，是在这一阶段必须确定的原则性问题之一。只有允许投资人获得合理的回报，项目采用 BOT 方式才可能取得成功。对不可能盈利的项目，只能由政府或者公共机构进行投资建设，或者政府能够采取财政补贴等方式保证项目投资人获得合理的回报。

2. 项目立项

项目立项是指计划管理部门对《项目建议书》或《预可行性研究报告》以文件形式进行同意建设的批复。BOT 项目在发布招标文件之前，按照国家的基本建设程序完成项目立项是非常必要的。通过项目的立项可以降低招标后的项目审批风险，提高投标人参与项目的积极性。在项目没有立项的情况下进行招标工作，如果投资人确定后政府不批准项目，将会给中标人造成很大的损失。项目立项通过的审批文件一般被作为招标的依据。

BOT 项目由项目所在地地方政府的计划部门会同同级项目主管部门上报项目建议书（预可行性研究报告），经国务院行业主管部门提出审查意见后，由国务院计划主管部门商国务院有关主管部门审批。重大项目由国务院计划主管部门审查后，报国务院批准。一般来说，外资 BOT 项目需要得到国家发展和改革委员会的批复，内资 BOT 项目可以由地方政府批复。在前期准备工作不足的情况下，计划管理部门也可不批复《项目建议书》或《预可行性研究报告》，而是批复进行同意项目融资招标，这种批复也可作为招标的依据。

3. 招标准备

项目立项工作完成后，即可着手准备招标工作，项目建议书获得批准后，由地方政府或者授权机构负责组织编制资格预审及招标文件，并开始招标工作。主要内容有：

(1)成立招标委员会和招标办公室

招标委员会一般由政府主管领导担任主任，计划、财政、税务、土地、价格等主管部门的主要负责人作为委员会的成员。招标委员会的主要职责是研究招标过程中的重大事项并做出决策。招标办公室往往设在负责办理招标具体事宜的单位，可能是行业主管部门，也可能是政府控制的国有企业，其职能是贯彻执行招标委员会做出的决策，牵头落实项目前期准备工作，研究项目在经济、技术等方面的问题，并就重大问题的解决方案向招标委员会提出建议。从已有的 BOT 项目来看，成立招标委员会和招标办公室，对于落实项目基本条件、加快招标进度和提高工作效率，具有十分重要的意义。

(2)聘请中介机构

由于 BOT 项目完全按照国际惯例进行运作，要求政府和投资人在签订合同前，对于项目的经济、技术、法律等方面的问题，做出细致、完整、严密的规定，否则，即使是一个看似微小的疏忽，也可能带来不利的后果，轻者致使项目失去公平，使政府处于不利地位，重者将导致招标失败、项目流产，甚至使政府和国家遭受严重的经济损失。

因此，需要聘请中介机构，包括专业的投融资咨询公司、律师事务所和设计院，发挥他们在国际招投标、国际投融资等方面的经验优势，帮助政府进行充分和细致的招标准备工作，使项目结构设计更加严谨和符合国际惯例，最大限度地降低项目风险，提高项目成功率，是十分必要的。

(3)进行项目技术问题研究，明确技术要求

虽然政府部门在项目招标前并不需要规定投标人采取何种技术方案，但是，城市污水处理

项目的作为重要的基础设施，是为公众提高公共服务的重要基础设施，而且最终将移交给政府运营管理，因此，必须在规划条件、技术标准、工艺和设备水平、环境保护等方面提出具体和明确的要求。一般情况下，政府部门会聘请设计院作为技术顾问，对规划条件、技术标准、工艺和设备水平、环境保护等方面问题进行细致和周密的研究，并将经政府确认后的要求在招标文件中详细而清晰地进行说明。

(4)准备资格预审文件，制定资格预审标准

资格预审是招标工作中一个很重要的环节，尤其是对于前期工作周期长、情况复杂的BOT项目。传统项目的招标一般需考虑投标人参与的广泛性和竞争性，而对于BOT项目的招标，投标人的数量不是主要的，确保数量有限的投标人的质量更为重要。由于BOT项目通常需要投标人提出一揽子投融资、设计、施工和运营的计划和安排，投标人必定会投入较高的成本来编制投标文件，所以在BOT项目招标前一般进行资格预审，以降低投标人的费用。

在正式投标前进行资格预审，选定少数几家竞争力较强的投标人，邀请他们前来参加投标，能减少招标工作量，提高招标质量。因为，经过资格预审后，只有那些具有较强的技术能力和财务能力的公司才能参加投标，招标人不需耗费大量的时间和精力对那些竞争力不强的标书进行评审，可以认真仔细地对通过了资格预审后的投标人的标书进行评审。如果通过预审的投标者在财力上和技术上是健全和可信的，尽管投标者数量不多，同样能够保证在投标过程中形成激烈竞争的局面。从投标人的角度来看，参加投标的投标者数量越多，中标的机会越小，因此他们可能不愿意花费太多的时间和精力来准备标书。相反，如果他们是少数投标者中的一员，中标的机会增大，就会促使他们认真而努力地提出一份竞争力很强的标书。

政府部门需要及早准备资格预审文件，在资格预审文件中明确资格预审标准。资格预审的期限可以根据项目前期工作的准备情况适当延长，让更多的潜在投资人获悉项目信息，增加竞争的激烈程度。资格预审文件中的资格要求，应该根据项目的特点和要求进行制订。

(5)项目结构设计，落实项目条件

不同地方的政府及其职能部门，在管理程序上不尽相同；不同类型的项目具有不同的特点和各种不同的要求。因此，应该针对项目本身的特点，结合政府在本项目上制订的目标，设计合理的项目结构，并根据项目结构，逐项落实项目的各种条件。项目结构的设计需要通过在BOT方面具有丰富经验的咨询公司，帮助政府部门设计和制订合理的项目结构，并帮助政府有计划地、系统地落实各项条件，为确保招标成功打下坚实的基础。

(6)准备招标文件、特许权协议、制定评标标准

在确定项目结构后、初步落实项目基本条件后，即可开始编制招标文件，制订特许权协议。

在招标文件中，需要详细说明政府在技术、经济、法律等方面的要求，让投标人尽可能充分和准确地领会政府的意图。同时需要把投标人必须遵守的强制性的要求和可由投标人建议的可协商的要求区分开来；招标文件一般包括下列内容：投标者须知、对投标书内容的最低要求、特许协议草案、项目技术指标、地方政府或者授权机构提供的其他条件。在特许权协议中，应规定项目涉及的主要事项，明确政府提供的各种支持条件或者承诺。

评标标准应该体现政府在选择什么样的投资人和建成一个什么样的项目方面的要求和标准，特别是需要明确招标的目标(例如：最终居民支付的污水处理价格最低，或者政府对污水处理补贴最低，或者对整个经济而言项目的投资费用最低等)。招标文件中规定的评标标准应该尽可能明确和详尽，以便于投标人设计出最符合政府要求的方案。为了加快进度，招标文件的准备工作往往与资格预审同步进行，并保证资格预审阶段和招标阶段的时间能够合理衔接。

4. 资格预审

地方政府或授权机构在发售招标文件前，应当对有意向参加投标的境外投资者进行资格预审。邀请对项目有兴趣的公司参加资格预审，如果是公开招标则需要在媒体上刊登招标公告。参加资格预审的公司应提交资格申请文件，包括技术力量、工程经验、财务状况、履约记录等方面的资料。招标委员应该组织资格预审专家组，对这些文件进行比较分析，拟定一个数量不多和参加最终投标的备选名单，并在项目条件基本落实和招标文件基本准备就绪之后，发出资格预审结果通知，同时向通过资格预审的投标人发出投标邀请书。

参加资格预审的投标人数量越多，招标人选择的范围就越大。为了在确保充分竞争的前提下尽可能减少招标评标的工作量，通过资格预审的投标人数量不宜过多，一般为5～7家比较合适。

5. 准备投标书

在获得招标委员会的书面邀请后，通过资格预审的投标者，如果决定继续投标，则应按照招标文件的要求，提出详细的项目建议书(即投标书)。在投标者的建议书中，一般应详细地说明项目所有关键方面，如：设施的类型及所提供的产品或服务的性能或水平；建设进度安排及目标竣工日期；产品的价格或服务费用；价格调整公式或调整原则；履约标准(产品的数量和质量、资产寿命等)；投资回报预测和所建议的融资结构与来源；外汇安排(如果是外资BOT)；不可抗力事件的规定；运营维修计划；风险分析与合理分配。

在准备标书阶段，投标人将就标书中的有关内容向招标人提出疑问。招标人应该以标前答疑会等形式进行解答，并将解答内容以书面形式正式通知所有通过资格预审的投资人。为使投标人对项目所处的环境有更加清晰和深入的了解，招标人应该组织一次现场考察。

投标书必须符合招标文件要求的格式、条款及其他条件，一般包括以下内容：项目可行性研究报告、项目建设工期及预算、预期收费标准和调价公式、投标保证金以及招标文件要求的其他内容。投标书所附项目可行性研究报告应当包括下列内容：项目实施纲要和目标概述、项目的市场需求、成本和收费、项目对环境影响的评价、项目工程技术指标、工程设计、建设、运营的标准和计划、财务分析报告等。

6. 评标与决标

投标截至后，地方政府或者授权机构应当按照招标公告规定的时间、地点，公开开标。招标委员会将组建评标委员会，按照招标文件中规定的评标标准对投标人提交的标书进行评审。评标标准必须在招标文件中做出明确陈述。评标方法的选择将显著地影响到最终的评标结果，因此，一般情况下，招标文件中规定的评标标准不允许更改。

7. 合同谈判

根据评标后决标结果，招标委员会应邀请中标者与政府进行合同谈判。BOT 项目的合同谈判时间较长，而且非常复杂，因为项目牵涉到一系列合同以及相关条件，谈判的结果要使中标人能为项目筹集资金，并保证政府把项目交给最合适的投标人。在特许权协议签订之前，政府和中标人都必须准备花费大量的时间和精力进行谈判和修改合同。如果政府与排名第一的中标候选人不能达成协议，政府可能会转而与排名第二的中标候选人进行谈判，以此类推。运作良好的 BOT 项目，由于投标人之间竞争十分激烈，使政府在谈判中占据主动地位。

8. 特许权协议的确认

地方政府或者授权机构根据评标委员会的评审报告确定中标的候选投资者，与中标的候选投资者确认特许协议的内容，并进行草签。在我国，政府和项目投标人就特许权协议达成一致后，双方一般首先草签特许权协议，然后报国家计划发展委员会批准。由国务院计划主管部门或国务院有关主管部门审批。重大项目的特许协议经国务院计划主管部门审查后，报国务院审批。

9. 项目公司的组建

根据国内外城市污水处理项目特许经营的惯例，投资人一般采用组建项目公司的方式实施具体的特许经营。草签特许权协议以后，被批准中标的投资者应报批《可行性研究报告》，依照中国有关外商投资企业的法律、行政法规的规定，办理项目公司合同、章程的审批和工商登记等事宜，成立项目公司。在城市污水处理特许项目中设立项目公司具有十分重要的意义，项目公司在融资、风险管理、监管等方面都具有十分重要的作用。

(1)项目融资的特点需要设立项目公司。城市污水处理特许经营项目是收益稳定的长期经营项目，属于比较典型的项目融资(Project Financing)对象。由于项目投资额巨大，投资人往往采用项目融资方式，即依赖项目的现金流量和资产而不是依赖发起人公司的资信来安排融资。按照国际项目融资的惯例，投资人(项目发起人)一般会设立特定目的有限责任公司或合营企业(即 SPV-Special Purpose Vehicle，特定目的项目公司)具体实施项目投融资、建设及经营。项目公司在融资活动中的性质就是 SPV。

(2)设立项目公司是风险管理的需要。水务特许经营项目的涉及信用风险、融资风险、政治风险、市场风险等风险因素，必须安排一定的风险分配机制将上述不确定性由项目有关各方合理分担。设立的项目公司就是一个非常有用的风险分配的中间体，从而有利于项目的促成，这已经在正反两方面为国际项目融资界多年的实践所证实。

(3)设立项目公司也有利于政府监管部门对特许项目进行集中监管，有利于保证项目长期、稳定的运行。事实上，在特许协议中不可能，也无必要对投资人因正常商业活动发生的如股权转让、兼并、收购等行为做过多限制，如果特许经营权授予对象仅仅指向投资人而非项目公司，则必然导致特许经营权被授权主体的特许经营资格不确定问题。反之，如果设立项目公司，由于其是针对特许经营权而设立的特定目的公司，主体资格基本稳定，在投资人承担特许经营连带责任的前提下，便于监管部门进行有效监管。

特许经营企业必须具备三项条件:具有法人资格、是一个经济实体、有一套相当实力和相关专业的经营班子。根据建设部第 126 号令(《市政公用事业特许经营管理办法》)第八条第 5 款规定:"公示期满,对中标者没有异议的,经直辖市、市、县人民政府批准,与中标者签订特许经营协议"。由于在公开选择投资者阶段,投资项目中标公司并未成立,将特许经营权的签约和授予对象界定为中标者,但项目公司与污水处理项目的交易结构、合同结构及投融资结构的设计密切关联,特许经营权的授予对象应该是中标的投资人及其为该特定项目设立的全资子公司(即项目公司)。尽管在特许经营期内,政府监管的直接对象是项目公司,但投资人仍然须为项目承担一定的连带责任(包括不得减资,一定期限内不得转让项目公司股权,项目公司某些严重违约的责任追索等等)。

政府部门和招标咨询机构需要在方案设计中详细考虑项目公司注册地选择、项目公司资本金比例、项目公司完成特定目的后的存续等问题,通过合理安排,以使项目能够顺利运作,达成各方满意的效果。

10. 项目融资与审批

项目融资是以项目的未来收益和资产作为偿还贷款的资金来源核安全保障的融资方式。在大多数情况下,股本投入的比例在 10%~30%范围内,剩余部分以无限追索或有限追索权的方式进行项目融资。由于 BOT 项目结构的复杂性,参与融资的利益主体相比传统的融资方式要多,主要包括:项目公司、项目投资者、贷款人、产品购买/服务接受者、承包商、供应商、融资顾问等。项目融资谈判是融资活动中重要的内容,融资谈判中一般需要聘请融资顾问,融资顾问一般有投资银行、财务公司或商业银行融资部门构成。由于他们拥有融资方面的丰富经验和资源,能够协助投资人对项目进行深入而广泛的研究,制定融资方案等。

项目公司自成立之日起 30 日内,应当与地方政府或者授权机构正式签署特许协议。特许协议自签字之日起生效。特许协议应当包括以下内容:缔约双方的名称、住所、注册地和法定代表人的姓名、国籍、职务;特许期限;项目预概算和收费标准、调整公式;项目设计、建造、运营和维护和标准;项目进度及项目延期、中止或者终止的后果;项目终止和项目期满项目设施及权益移交地方政府或授权机构的标准和程序;风险分担的原则;项目公司权利、义务的转让;项目设施及权益的担保;特许协议约定的地方政府或者授权机构和项目公司的其他权利、义务等。然后将正式与贷款人、建筑承包商、运营维护承包商和保险公司等签订融资协议及其他相关合同。项目公司成立后,投资者在特许协议中的权利义务由该项目公司承担。

经地方政府或者授权机构同意,项目公司可以为项目融资的目的在项目设施及权益上设定担保。但是,担保期限不得超过特许期限。项目公司权利、义务的转让,应当征得地方政府或者授权机构同意,并报原审批机关批准。至此,BOT 项目的前期工作全部结束,项目进入设计、建设、运营和移交阶段。如果中标人无法在规定的时间内完成融资,或自有资金不能到位,政府将依据合同取消草签的协议,转而与第二候选人进行谈判。

11. 项目建设阶段

特许协议生效后,项目公司应当按照特许协议的约定,及时开工。项目公司在签订所有合同之后，开始进入项目的实施阶段，即按照合同规定，聘请设计单位开始工程设计，聘请总承包商开始工程施工。首先需要进行项目的实施准备和建设阶段，这一阶段从项目公司组建开始，到项目竣工验收合格为止。

在我国，城市污水处理特许经营 BOT 项目中，项目公司一般通过公开招标的方式选择设计、施工等单位。一般采用固定价格的总承包方式，可以将工程的设计、施工、设备采购一并发包给一个工程总承包单位，也可以将工程设计、施工、设备采购的一项或多项发包给一个工程总承包单位。项目公司按照国家有关规定办理开工许可证后，就正式进行项目的开工建设。在同等条件下。应当优先采购国内或当地物资，优先使用国内或当地劳动力。为确保项目的顺利实施，项目公司还需要聘请独立的监理机构对工程设计、施工、费用控制和项目管理等进行监督。

在实施阶段的任何时间，政府部门必须严格履行监督和检查的权利，项目公司应当予以协助。由于项目最终要由政府或其指定机构接管，并在相当长的时间内继续运营，因此，必须确保项目从设计到建设都完全按照完全按照政府和中标人在合同中规定的要求进行。

12. 项目运营维护阶段

项目设施建成后，应当经地方政府或者授权机构验收合格，方可投入运营。当项目建设竣工并通过竣工验收合格以后，首先进入的项目试运营阶段，目的是为了对项目建设质量进行检验，并积累运营经验。试运营成功后项目正式开始商业运营，这是项目投资者偿还贷款、收回成本、获得利润、上缴税收的主要阶段。项目公司可以自己经营管理项目设施，也可以经地方政府或者授权机构同意委托第三人负责经营管理，项目公司应当对受委托的第三人的经营行为承担全部责任。

在项目运营期间内，项目公司应当使项目设施处于良好、稳定的运营状态。项目公司应当依照法律、行政法规的规定或者特许协议的约定对项目的固定资产进行折旧。折旧费用及有关收益应当专项用于项目设施的更新和改造，不得将其挪用或汇往境外，特许期限届满时，项目公司应当将折旧费用及有关收益的余额全部无偿转让给地方政府或者授权机构。由于项目的维护工作关系到项目的运营效果，因此要求运营公司必须具备良好的经验和业绩，有较强的商业和合同管理能力，并且具有较强的专业技术力量。运营公司也可以将部分相对独立的工作分包给当地有能力完成运行维护的专营公司。为监督项目的运营以及防止最终移交的项目无法正常运营，政府部门必须参加运营维护监督管理工作。

13. 项目移交阶段

特许期限届满，项目公司应当将处于良好状态、不负带任何债务的项目设施以及特许协议约定的有关权益全部无偿移交地方政府或者授权机构。并且应当将项目运营与维护的技术和资料一并移交给地方政府或者授权机构。为了保证移交的顺利进行，一般需要有一个移交过渡阶段，项目公司应当承担项目移交后独立负责项目运营和维护所需政府机构人员的培训。

项目的移交是无偿的，移交的日期也可能有所改变，如果项目公司超过了预期并提前实现其全部的股本受益，移交的日期也可以提前，相反如果非投资者所能控制的因素，无法达到预期的收益，特许经营企业可以适当延长；也可能会发生一些不正常情况下的移交，因不可抗力或者其他不能归责于特许协议当事方的原因致使特许协议不能履行的，双方可以协商决定继续履行协议的条件，或者协商终止协议；协商不成时，任何一方有权书面通知对方终止特许协议。因不可抗力或者其他不能归责于特许协议当事方的原因，致使该当事方履行特许协议产生困难的，经协议双方协商一致，并报原审批机关批准后，可以延长特许期限或者修改特许协议。

移交完成后，整个 BOT 项目就结束了。

二、TOT 模式运作程序

TOT 项目本身作为 BOT 模式的衍生模式，因此，其运作过程基本上和 BOT 项目的运作程序类似，即包括确定项目方案、项目立项、招标准备、资格预审、准备投标文件、评标、谈判、融资和审批、实施等阶段。只是由于 BOT 模式对应于需要投资建设的新污水处理项目，需要进行投资建设；而 TOT 模式对应的是已经建成并正式投入运营的污水处理项目，不需要进入投资建设阶段，所以在前期的准备工作上有很大的不同。TOT 项目的运作周期与 BOT 方式所需的周期基本相同，从招标准备工作到签订资产转让协议，大约需要 60～70 周的时间。虽然 TOT 项目需要对转让资产进行仔细、科学和严谨的评估，需要花费一定时间，但在评估期间可以同时进行招标准备工作。只要安排得当，资产评估与咨询顾问进行的招标准备工作在时间上不会发生冲突。一般其运作程序包括(图 2-8)：

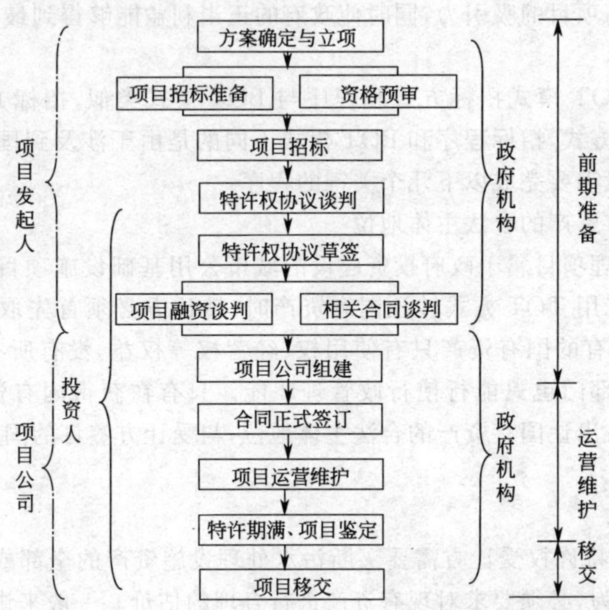

图 2-8　城市污水处理特许经营 TOT 模式运作程序

1. 制订转让方案并报批

根据国家有关规定，编制项目建议书，在征求行业主管部门(或原投资部门)的意见后，按照现行的有关规定，上报有权审批的部门批准。项目建议书中需要说明项目概况、转让目的、出让方、转让内容、期限、转让后的经营方式、转让所得的初步投向、债务偿还初步方案、资产预评估结果、转让对经济、社会等方面的影响分析、拟采取的选择受让方的方式等内容。

初步选定受让方后，还要编制可行性研究报告（或资产权益转让方案）并上报审批部门批准。可行性研究报告（或资产权益转让方案）中必须说明以下内容：受让方选择情况及选择结果、出让方、受让方、转让内容、价格、期限、提供的经营条件、转让后的经营方式、权利及义务的分享分担、债务偿还方案、转让收入使用方案、经济社会效益分析、国有资产保值增值分析、财务分析等。

2. 确定受让方的选择方式

在准备项目建议书的同时，就应该考虑采用何种方式来选择受让方：是采用面对面协商谈判的私募方式，还是邀请招标方式，还是完全竞争性的公开招标方式。选择方式应该根据转让方的情况和项目特点综合确定。根据我国已经完成的 TOT 项目的经验，完全竞争性的公开招标方式具有操作程序规范、项目条件成熟、转让价格合理、成功率高等优点，已经成为转让方选择 TOT 项目受让方的首选方式。

与 BOT 项目一样，聘请高水平的咨询机构作为转让方的融资顾问或财务顾问，将极大程度地提高 TOT 项目的前期工作效率和成功率。聘请财务顾问也是并购业务中的国际惯例。一个经验丰富的顾问公司，能够保证 TOT 项目的前期工作完整、细致和充分，并按照国际惯例进行运作，从而提高项目的吸引力，同时使政府的正当利益能够得到最大程度的保护。

3. TOT 项目招标

污水处理项目 TOT 模式招标方式和程序与 BOT 模式类似，招标方式可以采用邀请招标、拍卖、公开招标等方式，招标程序和 BOT 模式不同的是由于涉及到国有资产的转让问题，因此，招标前准备阶段需要完成以下几个关键的程序：

(1)取得出让国有资产的合法主体地位

由于城市污水处理项目属于政府投资建设的城市公用基础设施项目，城市污水处理设施资产属于国有资产，采用 TOT 方式转让国有资产时，转让方必须首先取得合法的转让权，国有企业的法人对其占有的国有资产只有使用权、经营权等权益，没有所有权，一般无权出售。地方政府和其他相关部门也只能行使行政管理职能。只有在获得国有资产管理部门的授权后，国有企业才能具备出让国有资产的合法主体地位，与受让方签订的国有资产转让合同才具有合法性。

(2)进行资产评估

利用 TOT 模式，特许权受让方需要买断污水处理设施资产的全部或部分产权和经营权，会发生产权的转让行为，必须要求对现有资产进行合理的估价。一般来讲，转让资产是污水处理基础设施，属于国有资产，估价过低，会造成国有资产流失；估价过高，则会影响受让方的积极性。这就需要处理好资产转让与国有资产正确估价的关系。一般通过聘请具备相应资质的评估机构，具有与转让资产相类似的项目的评估经验，而且在评估时最好与转让方和其聘请的融资顾问及时沟通，尽可能在形成正式评估报告之前就评估价格达成一致意见。将评估的结果报请国有资产管理部门审核批准。

(3)完成原有企业或者企业直属的厂(矿)的改制

转让资产可能是一个完全独立的国有企业，或者是一个集团公司下属的企业，或者是一个独立企业所属的一个厂(矿)，往往存在着债务如何处理、人员如何安排、离退休和企业办社会等历史包袱如何解决等问题。因此，在资产转让前必须对这些问题进行深入研究，并形成基本可行的方案。如负债问题，如果转让资产存在未偿债务，那么如何处理这些负债，应该由政府、上级企业以及转让方共同研究确定。如果涉及债务人的改变，还需要取得债权人和债务担保人的认可。又如人员安排问题，可以由转让方自行解决，也可以由受让方拿出一笔资金进行一次性补偿，还可以由投资人全部接收，并在一定期限内进行培训，再择优上岗。无论采取何种方式，都应该首先确保不出现严重社会问题，并兼顾资产转让后高效率运营管理的需要。

(4)企业的负债处置

现有的污水处理设施的建设大多是国家财政投资或者是利用国债、外国政府贷款建设，企业运营期间也可能存在大量的负债，导致在项目转让时可能存在大量债务，必须对这些负债进行合理的安排。

(5)闲置资产的处置

城市污水处理项目必须具有超前性，因此很多的现有污水处理项目污水处理能力超前，设计规模远远超出现有的实际污水排放量，造成部分的资产必然是闲置的，直接影响投资人特许权受让方的收益水平，必须对这部分闲置资产进行合理的安排，既确保国有资产不受损失，同时也确保特许权受让方的利益不受到损失。

(6)资产回购问题

资产权益一般包括资产的所有权、经营权、使用权、收益权以及股权等权益。如果国有资产转让仅是经营权、使用权和收益权的转让，而不包括所有权，则不涉及资产回购问题。在转让期满后，资产应该无债务、不设定担保、设施状况完好地移交给政府机构。如果国有资产转让是包括产权在内的完全转让，则国有资产的所有权益实质上已经完全属于受让方。在经营期满后，资产是由政府按照事先约定的价格回购，还是由项目公司自行清算处理，应该在转让前研究确定。

另外，特许权转让必须符合转让方的战略目标，在采用 TOT 方式的情况下，投资人可能完全买断资产的经营权，也可能只是部分买断资产经营权，同时政府要求以现有资产的一部分与投资人进行合作或者合资，共同经营管理现有资产。在部分买断资产经营权的情况下，政府往往是在一个整体的战略构架基础上转让资产，要求受让方必须接受政府提出的主要合作条件。只有建立在互惠互利、平等友好的基础上，转让方和受让方在合作项目上具有一致的战略目标和共同的经营理念，合作才能取得完全成功，项目在合作期间才能顺利进行。

投标人在编制标书期间，为了尽可能降低投资风险，同时保证建议的投标价格具有竞争力，一般会要求对转让资产进行全面调查，包括现有经营状况、转让资产涉及的法律情况、员工状况、技术装备水平等。转让方在组织投标人进行现场考查期间，应该向投标人提供转让资产的有关资料，安排投标人对转让资产进行这些调查。

4. 评标与定标

招标主要标的可以是资产价格，也可以是产品价格，基础设施 BOT 项目招标的标的一般为产品或服务的价格，如净水厂 BOT 项目的标的为净水价格，污水处理厂 BOT 项目的标的为污水处理服务价格，垃圾处理厂 BOT 项目的标的为垃圾处理服务价格。TOT 项目招标标的的选择则具有一定灵活性，可以是转让资产的价格，也可以是项目产品或者项目运营服务的价格。如何确定 TOT 项目的招标标的，需要根据转让资产的目的以及转让项目面临的市场环境来综合确定。如果项目产品的价格是既定的，不允许受让方进行改变，招标标的只能是基于评估结果之上的资产转让价格。如果转让方希望通过转让资产一次性获得一笔事先确定的款项，那么招标标的就是项目产品或者服务价格。在后一种情况下，如果产品价格高于现有的政府定价或者市场价格，转让方必须有能力确保受让方项目产品或服务价格得到批准，并对差价部分进行补偿。因此，评标指标由于标的的不同而有所区别。但总的评标方法和 BOT 项目没有太大差别。

5. 项目运营

项目评标后，根据评标结果确定的中标候选人，通过与政府部门或其代理机构进行合约谈判，签署特许经营协议和其他相关合同。合同签署后一旦受让方完成融资交割，经政府审批，正式签署特许经营协议。

6. 项目移交

特许经营期结束以后，其移交程序和 BOT 项目移交程序完全相同。

特许经营前期规划管理

城市污水处理特许经营成功的关键在于前期决策的正确性，特许经营前期的规划管理就是对特许经营实施有重要影响的前期开发工作：特许经营的体制选择、BOT 模式特许人的选择时机、建设前期城市污水处理厂规模确定、城市污水厂排放标准的确定、污水处理方案的选择、污泥处理方案选择、经济可行性评价以及 TOT 模式资产评估、债务、人员安置等进行分析，加强对这些因素的监督管理，确保前期决策的正确性，为特许经营的顺利实施打下良好基础。

第一节　污水处理特许经营建设规划

一、建设必要性论证

从城市目前的社会、经济发展状况带来的环境污染情况分析，说明污水处理项目建设的必要性，以及污水处理项目的建设可能给当地带来的经济、社会、环境效益。主要体现在：

1. 必须满足日益增长的城市污水处理发展需要；
2. 项目建设有利极大改善城市水环境，控制环境污染；
3. 对水资源实施有效保护，实现城市水资源可持续发展。

二、污水处理规模确定

1. 设计规模对后期运营的影响

污水处理厂的规模对工程的投资有决定性的影响，目前一般污水处理厂建设投资一级处理出水在 700 万～900 万元/m^3，二级处理在 1 100 万～1 500 万元/m^3，投资人的这些建设投资最终将通过污水处理费得到回收，如果设计规模过小，一方面不能满足城市污水处理要求，另一方面不具有规模效益，建设不经济。相反，如果建设规模过大，实际污水量无法达到设计处理水量，造成污水处理能力闲置，污水处理价格将会大幅度升高，居民也将白白支付给投资人由于处理能力闲置的污水处理费用，最终由居民承担决策失误的风险。

2. 污水处理规模的确定

设计规模是城市污水处理工程设计中首先需要解决的问题，应该在充分可靠的现状资料基础上，深入细致的分析研究，按照国家现行的有关规范，结合当地的实际情况，合理确定。确定设计规模必须建立在对大量详细可靠的资料、数据进行深入细致分析研究的基础上，采用科学的方法对未来发展进行预测，并考虑多种影响因素综合确定。城市污水量是确定污水处理厂建设规模的关键依据。城市污水处理厂的工艺设施一般按远期设计，分期建设，需要相应确定远期规模和近期规模；因此，应按城市污水处理厂建设的需要，首先查明城市污水现状排水量，并进行深入细致的分析研究，继而预测近期和远期城市污水量。

(1)城市污水排放量现状调查

确定城市污水处理厂设计规模首先必须掌握充分可靠的现状基础资料，这些基础资料主要有：城市供水数据：水源（城市供水水源）、自备水源、供水量、实际用水量、大型工业企业用水量、供水设施分布范围、自来水普及率、节水现状及用水发展趋势等。城市排水数据：各类污水实际排污量、现有排水体制、管道数量、已收集的污水量等。城市社会经济发展数据：城市人口现状、国民生产总值、产业结构、工业生产总值以及城市总体规划的有关数据等。城市污水包括生活污水和工业污水两部分，应分别加以调查。

1)城市生活污水量：城市生活污水量包括居民生活污水与公共建筑污水量部分之和。用城市生活用水量乘以排水系数（见表 3-1）即为城市生活污水现状排水量。

2)工业废水量：大中型工业企业的污水排放口往往设有污水计量设施，可以据此统计工业废水量。对于没有污水计量设施的工业企业，则可以按其给水量与排水系数测算工业废水量。

表 3-1 城市污水排水系数

污水性质	城市污水	城市生活污水	工业废水		
			一类工业	二类工业	三类工业
排水系数	0.70～0.90	0.85～0.95	0.80～0.90	0.80～0.95	0.75～0.95

注：1. 城市生活污水包括居民生活污水和公共建筑物水量部分之和；

2. 工业分类按《城市用地分类与规划建设用地标准》(GBJ 137—90)中对工业用地分类；

3. 本表摘自全国城市规划职业制度管理委员会主编《城市规划相关知识》。

(2)城市污水量的预测

城市污水量主要由以下几部分组成：居民生活污水量、公建污水量、工业污水量、未预见污水量、地下水的渗入量。城市污水量预测应该在现状用水量、现状排水量和现状排水系数的基础上，根据规划所预测的用水量以及相应的排水系数，计算近期和远期相应的城市污水量。为了准确地预测规划期内的城市污水量，应对每部分污水量分别采用多种预测方法，核定近、远期污水量。但在项目前期，往往由于基础资料不完善，缺少必要的统计数据而无法实现。此时常采用综合用水量指标进行预测。

1)居民生活污水量 Q_1

$$Q_1=(80\%\sim90\%)\times q_1 N\times10^{-3}(\mathrm{m^3/d}) \tag{3-1}$$

式中 q_1——居民生活用水定额，L/(cap · d)；

N——规划期城市居民总人口数，人。

居民生活用水定额 q_1：一般按照 GBJ 13—86 室外给水设计规范取值，它与城市所在地域、自然条件、经济和社会发展水平、生活习惯、居住条件以及水资源状况等有关，在规范给定的取值范围内，应根据现状城市居民生活用水指标，考虑规划期限内的发展水平等因素合理确定。

城市总人口 N：包括常住人口、暂住人口和流动人口，城市居民总人口数只应包括常住人口、暂住人口、流动人口的污水量在公建污水量中考虑。通常是根据城市总体规划近、远期及远景规划人口预测来确定。

①算术级数法：人口预测的算术级数法是，假定历年人口增长的绝对数相同，只要把上一年末的人口总数加本年度人口增加数，就等于下一年初的人口总数。其表达式为：

$$Y_t = a + bX \tag{3-2}$$

式中　Y_t——各年人口预测值；

X——时间，a；

a——$X=0$ 时的人口数；

b——逐年人口增加数（即 X 变动一年 Y_t 的增加数）。

用算术级数法预测人口，方法简单，计算方便。但由于影响人口增长变化的因素很多，不可能在一个比较长的时期内，每年的人口都按照一个绝对量增加。所以，此法预测短期的人口变化是可行的，预测较长时间的人口增长则误差较大。

②几何级数法：一般情况下，经过长期的观察，人们注意到一个地区、一个国家的人口数量是比较平衡的均匀地增长，而且这个增长数量基本上和原有的人数成比例，可以按一个不变的自然增长率增加，对于这样增长的人口，可以用几何级数来预测未来各年的人口。预测公式：

$$P_n = P_0 \cdot (1+k) \cdot n \tag{3-3}$$

式中　P_0——基年的人口总数；

P_n——预测年的人口总数；

k——每年的人口自然增长率；

n——年数。

③指数增长预测：实际上人口的增长变化是一个连续不断的过程。在一年当中，出生、死亡和迁移随时都在发生，不论将时间间隔划分的多细，后一时期的人数与前一时期的人数相比总是有所增减的。如果将时间间隔无限缩小，而使年数 n 无限增多，式 $p_n = P_0 \cdot (1+k) \cdot n$ 就变成了以下的指数方程：

$$P_n = P_0 \cdot e^{nk} \tag{3-4}$$

式中　e——自然对数的底，其近似值为 2.7183；

其他符号同上。

2)公共建筑污水量 Q_2

$$Q_2 = (80\%\sim90\%) \times \sum (q_i \cdot N_i)(\mathrm{m^3/d}) \tag{3-5}$$

式中　q_i——表示政府机关、办公楼、各中小学校及幼儿园、大中专院校、敬老院、医疗卫生部门、展览馆、公园、医疗卫生部门、体育运动场馆、展览馆等各公共建筑的用水量定额，$\mathrm{m^3/(cap \cdot d)}$；

N_i——各公共建筑的用水单位数，人、床……；$i=1,2,\cdots,m$ 分别表示各公共建筑单位。

在实际的预测中，要获得城市所有公建的统计数据是比较困难的。通常将居民生活污水量和公共建筑污水量合并，称为综合生活污水量，通过指标进行预测。

3)综合生活污水量 Q_1'

$$Q_1'=(80\%\sim90\%)\times(q_1'\cdot N_1+q_1\cdot N_2)\times10^{-3}(\mathrm{m^3/d}) \tag{3-6}$$

式中 q_1'——综合生活用水定额，L/(cap·d)；

N_1——城市常住人口数，人；

N_2——城市暂住人口数，人。

q_1' 可按照 GBJ 13—86 室外给水设计规范取值，取值的原则与居民生活用水定额 q_1 相同。N_1 为城市常住人口数，城市流动人口的用水量已在每个居民的综合用水指标中包括，故不应再计入。但应包括城市暂住人口的生活用水量。

4)工业废水量 Q_3

工业废水量是城市污水处理厂确定处理规模的重要组成部分，由于各城市结构各异，工业类型和工业比重各不相同，因而也没有通用的指标来衡量。必须对其废水量进行充分调查研究，合理确定工业废水量。在翔实的现状资料基础上，通常可采用万元产值耗水量进行预测。即：

$$Q_3=(80\%\sim90\%)\times E\times q_3(\mathrm{m^3/d}) \tag{3-7}$$

式中 E——设计期内的工业总产值，万元；

q_3——万元产值耗水量，$\mathrm{m^3}$/万元。

设计期限内的工业生产总值应根据城市总体规划中工业总产值或年增长率确定。

$$E=E_0(1+P\%)^n \tag{3-8}$$

式中 E_0——现状工业总产值，万元；

$P\%$——年增长率；

n——规划年限，年。

万元产值耗水量应在现状万元产值耗水量的基础上，根据总体规划中确定的工业发展方向、类型等因素合理确定。

5)未预见污水量 Q_4

指在规划预测中对难以预见的因素(如规划的调整)而保留的水量，按最高日用水量的10%～15%考虑。对于城市污水处理厂由于均按分期建设并考虑了发展后的余留用地、管网的收水率等因素，在近期工程建设时，可不予考虑。

6)地下水的渗入量 Q_5

GBJ 14—87 室外排水设计规范规定，地下水位较高的地区，宜适当考虑地下水渗入量。一般以单位管道延长米或单位服务面积公顷计算。产生地下水的渗入量主要是由于管道和接口材料以及施工质量等问题造成的，从目前设计施工验收规范中要求可知，污水管道施工完毕后必须进行闭水试验，不允许有渗漏，否则将对地下水造成污染。即使在地下水位较高的地区有地下水的渗入，则在管道高于地下水位的地区应有污水量的渗出，所以，从国家对排水管线设计、施工质量要求的角度，污水厂规模的确定中可以不考虑地下水的渗入量。

综合以上结果，城市总污水量：

$$Q=Q_1+Q_2+Q_3+Q_4 \text{ 或 } Q=Q_1'+Q_3 \tag{3-9}$$

(3)确定污水处理规模应考虑的因素

通过多种方法对城市污水量预测后，并不能以此来确定城市污水处理厂的规模，尚应考虑其他方面的影响因素。

1)城市的排水体制

城市的排水体制分为分流制和合流制，目前在许多大中型城市的旧城改造中，也采用截流式合流制。不同的排水体制直接影响着污水规模。当采用分流制时，污水量全部为城市污水；当采用合流制或截流式合流制组合系统时，必须考虑截流式合流系统中排入的雨水量。

2)污水收集率

污水的收集率即规划流域范围内，能够通过污水管网收集的污水量与产生的污水量的比值。污水的收集率体现了污水管网的完善程度，特别是与污水处理厂配套的排水管网建设，是影响污水处理规模的关键因素，因此，在规划污水处理厂的同时，必须规划配套管网的建设。污水处理厂的建设规模应与污水收集系统可能实现的收集污水总量相协调。

即：

$$\text{污水厂处理规模}=Q\times\text{污水收集率} \tag{3-10}$$

3)总体规划的调整

由于我国社会经济的迅速发展，城市规划跟不上发展变化是普遍存在的现象。因此，在论证污水处理厂建设规模时，必须从实际出发，实事求是，对某些规划指标进行调整。

4)综合确定处理规模

通过城市污水处理厂三方面的工作后，可以遵照以现状污水量为主要依据，确定近期建设规模，按照远期规划确定最终规模的原则确定城市污水处理厂处理规模。污水处理厂配套管网应同步进行，按远期规模进行规划建设。

三、污水处理出水标准

1. 污水处理出水标准对运营影响

污水处理的处理出水标准不仅直接影响工程投资，而且影响到污水处理的运行成本，根据目前污水处理出水标准实际，一级出水投资 700 万～900 万元/m^3，运营成本 0.35～0.75 元/m^3，二级出水投资在 1 100 万～1 500 万元/m^3，运营成本 0.75～0.95 元/m^3，如果处理标准过低，无法满足排放和回用要求；如果处理标准过高，将直接造成污水处理成本增加，使特许经营的价格提高，最终通过污水处理费增加居民的负担。

2. 污水处理出水标准的确定

城市污水处理厂的设计进水水质是污水处理工艺选择的前提之一，对污水处理厂的工艺、处理构筑物的规模、工程投资和运行效果影响很大。处理标准的确定必须考虑当地进水水质状况，和受纳水体状况综合确定。

(1)污水水质现状调查与预测

污水处理厂进水水质涉及的因素很多。主要与下列因素有关:城市性质及经济水平;工业废水水质;其他污染源;排水体制等。污水处理厂的进水水质，常用水质调查法确定，在市区选择几个有代表性的排污口，定期实测其水质水量，采用加权平均确定其现状水质浓度，以此为基础，结合其他监测资料并考虑一定余地，确定近期进水水质。工业废水的分散治理，对城市污水水质有明显的影响，近期点源治理规划是水质预测的主要依据。水质预测的重点是反映点源治理引起的水质变化，根据点源治理削减污染物总量，从城市污水现状污染物总量扣除，预测远期污水处理的进水水质。

(2)污水处理处理厂排放标准的确定

处理厂出水水质应根据排入受纳水体的环境功能要求，水体上下游用途及水体稀释和自净能力等，使出水口水质符合国家或地方有关标准。对于城市污水处理后的出水要求应根据我国国情，制定与我国国情相应适当的出水标准。

国家环境保护总局和国家技术监督检验总局 2002 年发布的《城镇污水处理厂污染物排放标准》，2003 年 7 月 1 日正式实施。是专门针对城镇污水处理厂污水、废气、污泥污染物排放制定的国家专业污染物排放标准，适用于城镇污水处理厂污水排放、废气的排放和污泥处置的排放与控制管理。

该标准根据不同工艺对污水处理程度和受纳水体功能，对常规污染物排放标准分为三级：一级标准、二级标准、三级标准。一级标准分为 A 标准和 B 标准。一级标准的 A 标准是城镇污水处理厂出水作为回用水的基本要求。当污水处理厂出水引入稀释能力较小或无稀释能力的河湖作为城镇景观用水和一般回用水等用途时，执行一级标准的 A 标准。城镇污水处理厂出水排入 GB 3838 地表水类功能水域(划定的饮用水水源保护区和游泳区除外)，GB 3097 海水类功能水域和湖、库等封闭或半封闭水域时，执行一级标准的 B 标准。城镇污水处理厂出水排入 GB 3838 地表水、类功能水域或 GB 3097 海水、类功能海域时，执行二级标准。非重点控制流域和非水源保护区的建制镇的污水处理厂，根据当地经济条件和水污染控制要求，采用一级强化处理工艺时，执行三级标准。标准的分级和处理工艺与受纳水体功能的对应关系见表 3-2。由于目前水资源严重不足，各城市都在积极推广污水回用，如果二级处理后出水作为回用水输送至用户时，应根据用户对水质要求及国家或地方的相关标准等制定污水处理厂出水水质。

表 3-2 标准的分级和处理工艺与受纳水体功能的对应关系

项目	一级标准		二级标准	三级标准
	A 标准	B 标准		
处理工艺	深度处理	二级强化处理	常规二级处理	一级强化处理
受纳水体功能	资源化利用、基本要求、景观用水	地表水Ⅲ类、海水Ⅱ类、湖、库等	地表水Ⅳ、Ⅴ类、海水Ⅲ、Ⅳ类水域	非重点流域、非水源保护区建制镇水体

四、工艺方案的选择

1. 工艺方案对后期运营影响

工艺方案的选择是影响工程的投资和运营成本的重要因素，城市污水厂根据地理位置、源水水质、投资规模等实际情况，采用不同的处理工艺。不同的处理工艺决定不同的成本，对于不同的工艺方案之间的工程投资、能耗和运营成本有很大的差别，因此工艺方案的合理选择必须结合实际需要，选择投资小运营成本低，处理效果好的工艺方案。

2. 工艺方案选择方法

污水处理工艺的选择直接关系到污水处理厂的建设投资，运行成本的高低，污水厂出水水质，运行管理是否方便可靠。BOT 模式是投资人全额投资，负责其特许期间内的建设、运行、维护和收益，承担着相当大的技术风险和许多不确定因素，因此，污水处理工艺的优选确定以及设备的选型显得尤为重要，这是降低投资风险的关键所在。工艺选择必须因地制宜，综合考虑排水系统现状或规划、厂区地形及地质、温度、降雨、污水量、水质、排放标准、设备等。

(1)污水处理常用工艺

城市污水的主要污染物是有机物，目前国内外城市污水处理技术按其作用原理分为物理法、化学法和生物法处理技术。物理处理法就是利用物理作用分离污水中主要呈悬浮状态的污染物质，在处理过程中污染物质的化学性质不变。化学处理法是利用化学反应作用来分离、回收污水中的污染物。生物处理法是利用微生物的新城代谢功能使污水中呈溶解和胶体状态的有机污染物被溶解并转化为无害的物质。

预处理和一级处理常用方法为机械格栅、沉砂、隔油等简单物理处理方法，它一般不作为单独的处理工艺而作为预处理方法与其他处理方法一并使用，单独使用预处理直接排放的仅用于城市污水排海、排江工程中，其目的在于去除污水中的漂浮物质、油类或油脂类物质以及砂粒等无机物质及部分有机物。一级处理通常仅能去除水中主要污染物：COD：40%，SS：60%左右，出水一般达不到要求的排放标准，通常需后序进行二级处理。

从目前污水二级处理工艺来看，仍然以生化处理为主，典型的流程格局为污水经格栅到沉砂池，再到初沉池、曝气池、二沉池、消毒接触池后排放。生化处理方法主要有活性污泥法、生物膜法、氧化塘法等。目前应用最广泛的是活性污泥法，主要工艺有：传统活性污泥法和 A/O、A^2/O 法、AB 法、SBR 法及其改进型、氧化沟法、百乐克(BIOLAK)工艺等。

1)传统活性污泥法和 A/O、A^2/O 法

传统活性污泥法是污水处理最早的工艺，有机物去除率高，能耗和运行费用低。活性污泥实用工程始于 1917 年，分别采用厌氧、好氧或缺氧、好氧，以及厌氧、缺氧、好氧工艺。近年来，国内外广泛采用 A/O 法系统，提高了出水水质和 N、P 去除率，并节约了能源。目前，各国的大型污水厂多数采用传统活性污泥法、A/O、和 A^2/O 工艺。

A/O 工艺即(厌氧/好氧)工艺的缩写，是为污水生物除磷脱氮而开发的污水处理技术，是

目前国内外采用比较广泛的一种脱氮工艺。特点：工艺成熟、流程简单、运行稳定；脱氮效率较高，出水水质好；连续进水、出水，自控系统简单，运行操作简便；生物池设计灵活，占地面积较小，充氧效率高；微孔鼓风曝气，能耗省；不足：污泥回流需用泵提升；设备数量较多，操作维护难，管理复杂，建设投资较大；生物池和二沉池单独设置，占地面积较大；抗冲击负荷的能力不如 CASS 工艺和氧化沟工艺，适用于中等负荷的大型污水处理厂。

A^2/O 工艺就是在 A/O 脱氮工艺的缺氧池前增设了一厌氧区，沉淀池的回流污泥和进水首先进入厌氧区进行磷的厌氧释放，然后再进入缺氧区。好氧区具有硝化功能，好氧区的混合液回流到缺氧区，使之反硝化脱氮。A^2/O 工艺特点：除具有 A/O 工艺的基本特点外，A^2/O 工艺还具有同时除磷的目的，处理深度大于 A/O 工艺，但 A^2/O 工艺前期投资大，除磷效果不稳定。

2）AB 法

是针对高浓度污水而设计的特殊场合的处理工艺。采用吸附和传统活性污泥法的两次生化处理，工艺单元构成复杂，污泥不稳定，建设投资和处理成本高。

3）氧化沟法

氧化沟法的特点为：一般不设初沉池和污泥消化池，结构简单，工艺稳定，管理方便；有机物去除率较高，具有脱 N 除 P（沟前增设厌氧池）功能，综合指标较优。不足：池深较浅，占地面积较大；动力消耗较大，运行费用较高；设备维护工作量较大。适用于中小规模的低负荷污水处理厂。

4）SBR 工艺

是序批式活性污泥法，进水、反应、沉淀、排放和闲置顺序在同一池中完成，周期运行。其特点为：无二沉池和污泥回流设备，产生剩余污泥量少；结构简单，运转灵活，可随时调整运行计划；自控要求高。SBR 的代表型有 UNITANK 工艺，其特点为：用固定堰代替 SBR 的滗水器，池深加大；自控要求低，管理方便；池壁共用，投资减少。

5）CASS 工艺

CASS 工艺是序批式活性污泥 SBR 的改良技术，又称循环式活性污泥系统。它主要由生物选择器和可调容积式反应器两部分组成，在同一构筑物内完成生物降解、除磷脱氮、固液分离过程。CASS 工艺特点：处理效果好，出水水质稳定；耐冲击负荷大，可除磷脱氮；操作弹性大；可抑制污泥膨胀，固液分离效率高；自控设备质量要求高，操作人员素质要求高；国内运行经验不多。不足：自控设备质量要求高；工程投资较大，设备利用率较低；水头损失比连续流工艺大；国内运行经验不多。

6）百乐克（BIOLK）工艺

百乐克（BIOLK）污水处理系统（又称悬挂链曝气工艺）是一种高效的生化处理系统，采用低负荷活性污泥工艺，通过生化方法有效降解 COD 及 BOD_5，并且能够通过波浪式氧化工艺对氮、磷进行高效去除。特点：技术先进，处理效果好出水稳定；有效的曝气系统、节省了动力消耗；采用多级 A/O 系统，脱氮效果好；设置了生物脱磷区；相对投资较低；简单有效的污泥处置；操作简单、维修方便；土地利用紧凑；曝气时间相对较长。不足：曝气时间相对较长；污泥处置不如 A/O 工艺。适用于市政废水和工业废水的处理。

(2)工艺选择原则

结合处理厂所在城市的具体情况和工程性质，近远期全面规划，分期实施，更好地发挥投资效益；采用能够保证处理要求和处理效果的技术先进、成熟可靠的处理工艺；设备选型合理、可靠；减少投资和日常运行费用；运行管理方便，运转方式灵活，并可根据不同的进水水质调整运行方式和参数，最大限度地发挥处理装置和构筑物的处理能力；便于实现处理工艺运转的自动控制，以尽可能少的投入取得尽可能大的效益；积极稳妥的采用污水处理新技术和新工艺。

(3)污水处理工艺流程的选择

工艺流程选择影响因素较多，包括技术因素、经济因素、管理因素，技术因素主要有工艺选择处理规模、进水水质特性(重点考虑有机物负荷，N、P 含量)、出水水质要求(重点考虑对 N、P 的要求以及回用要求)、各种污染物的去除率、气候等自然条件、北方地区应考虑低温条件下稳定运行、污泥的特性和用途。经济因素有：批准的占地面积、基建投资、运行成本；管理因素主要有自动化水平、操作难易程度、运行管理能力等。进行工艺流程选择时，可以先根据污水处理厂的建设规模，进水水质特点和排放所要求的处理程度，排除不适用的处理工艺，初选2～3种流程，然后再针对初选的处理工艺进行全面的技术经济对比后确定最终的工艺流程。

1)根据处理规模选择处理工艺

各种处理工艺技术都有着各自的适用条件和特点，大规模污水处理厂(≥20 万立方米/天)宜选用传统活性污泥法及其改进型。其原因：去除有机物或 N、P 效率高；工艺流程中设有初沉池；厌氧、缺氧、好氧功能分区明确；处理规模超过一定量后，基建费可降低。因此，传统活性污泥法及改进型出水水质稳定，处理全流能耗小，运行费用较低，并且规模越大，优势越明显。

中小规模污水处理厂(10 万～20 万立方米/天)，特别当规模≤10 万立方米/天时，宜选用氧化沟法及其改进型和 SBR 法及其改进型。其原因：去除有机物及 N、P 效率高；抗冲击负荷能力强；不设初沉池或不设初沉池及二沉池，设施简单，省基建费，方便管理；基建费低，且规模越小，优势越明显；处理设备基本可实现国产化，设备费大幅降低。由于中小城市水量、水质负荷变化大，经济水平有限，技术力量相对薄弱，管理水平相对较低等特点，采用 SBR 和氧化沟及其改进型是适宜的。

2)根据进水有机物负荷选择处理工艺

进水 BOD_5 负荷较高(＞250mg/L)或生化性能较差时，可以采用 AB 法或水解—生物接触氧化法、水解—SBR 法等；进水 BOD_5 负荷较低时，可以采用 SBR 法或常规活性污泥法等。

3)根据处理级别选择处理工艺

二级处理工艺可选用氧化沟法、SBR 法、水解好氧法、AB 法和生物滤池法等成熟工艺技术，也可选用常规活性污泥法；二级强化处理要求除磷脱氮，工艺流程除可以选用A/O法、A^2/O法外，也可选用具有除磷脱氮效果的氧化沟法、CASS法和水解—接触氧化法等。

4)根据回用要求选择处理工艺

严重缺水地区要求污水回用率较高，应选择BOD_5和SS去除率高的氧化沟或SBR污水处理工艺，如果出水用于农灌，解决缺水问题，则处理目标可以以去除有机物为主，适当保留肥效。

5)根据气候条件选择处理工艺

冰冻期长的寒冷地区应选用水下曝气装置，而不宜采用表面曝气；生物处理设施需建在室内时，应采用占地面积小的工艺，如UNITANK等；水解池对水温变化有较好的适应性，在低水温条件下运行稳定，北方寒冷地区可选择水解池作为预处理；较温暖的地区可选择各种氧化沟和SBR法。

6)根据占地面积选择处理工艺

地价贵、用地紧张的地区可采用SBR工艺(尤其是UNTANK)；在有条件的地区可利用荒地、闲地等可利用的条件，采用各种类型的土地处理和稳定塘等自然净化技术，但在北方寒冷地区不宜采用。用水解池作为稳定塘的预处理，可以改善污水的生化性能，减小稳定塘的面积。

7)根据基建投资选择处理工艺

为了节省投资，应尽量采用国内成熟的，设备国产化率较高的工艺。基建投资较小的处理工艺有水解—SBR法、SBR法及其变型、水解—活性污泥法等。采用水解—好氧处理工艺高效节能，其出水水质优于常规活性污泥法。氧化沟法在用于以去除碳源污染物为目的二级处理时，与各种活性污泥法相比，优势不明显，但用于还须去除氮磷的二级强化处理时，则投资和运行费用明显降低。

8)根据运行费用选择处理工艺

节省运行费用的途径有降低电耗、减少污泥量、减少操作管理人员等。电耗较低的流程有自然净化、氧化沟、生物滤池、水解好氧法等，污泥量较少的有氧化沟和SBR等，自动化程度高、管理简单的流程有SBR等。综合比较，在基建费相当的条件下，运行费用较低的处理方法有氧化沟、SBR、水解好氧法等。

(4)污水处理工艺方案的确定

对初选的几种污水处理工艺流程进行技术经济分析，经过技术经济比较论证最终确定工艺方案。主要有定性方法、定量方法和定性与定量相结合的方法。

1)定性评价方法

根据处理规模、水质特性、排放方式和水质要求、受纳水体的环境功能以及当地的用地、气候、经济等实际情况和要求，经全面的技术比较和初步经济比较后优选确定。几种常用生物处理方法的比较见表3-3。

表 3-3　常用污水处理工艺比较

序号	处理方法	BOD_5去除率	N、P 去除率	占地面积	投资	能耗
1	常规活性污泥法	90%～95%	低	大	大	高
2	SBR 法	85%～95%	一般	较小	小	较低
3	CASS 法	90%～95%	较高	较小	一般	一般
4	UNITANK 法	85%～95%	一般	小	大	一般
5	氧化沟法	92%～98%	较高	较大	较小	低
6	AB 法	90%～96%	较高	一般	一般	一般
7	A/O 工艺	90%～95%	较高	大	大	一般
8	A^2/O 工艺	90%～95%	高	大	一般	一般

2)定量评价方法

在选定最终采用的工艺流程时，对初选的几种工艺流程进行全面的定量化的经济比较。常用年成本法或净现值法进行比较。

①年成本法 方案的基建投资和年经营费用按标准投资收益率，考虑复利因素后，换算成使用年限内每年年末等额偿付的成本，比较年成本最低者为经济可取的方案，如图 3-1 所示。

$$\min\{AC(i_j)\} = \left[\sum_{t=1}^{n} CO_t(P/F,i,t) + P\right] \times (A/P,i,n)(j = 1,2,3) \tag{3-10}$$

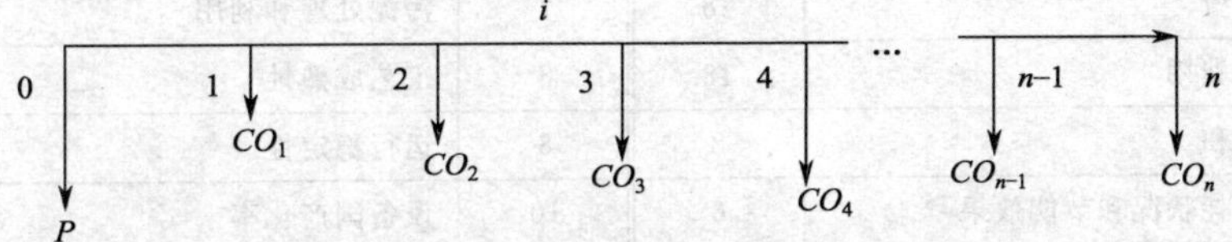

图 3-1　工艺方案的投资成本现金流量

②净现值法　工程使用整个年限内的收益和成本(包括投资和经营费)，按照适当的贴现率折算为基准年的现值，收益与成本现行总值的差额即净现值，净现值大的方案较优，如图3-2所示。

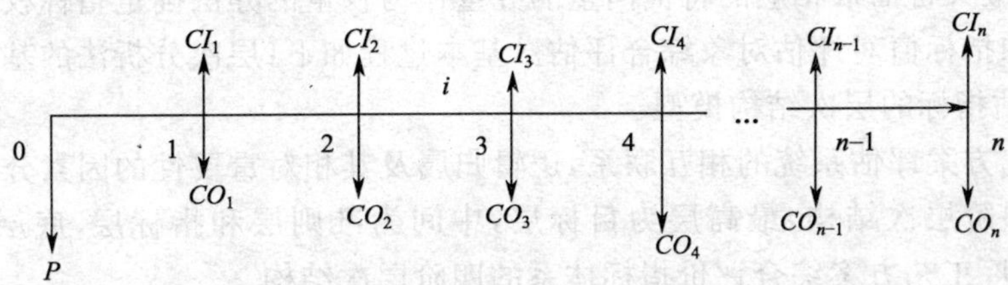

图 3-2　工艺方案的现金流量

$$\max\{NPV(i)_j\} = \sum_{t=1}^{n}(CI-CO)_t(P/F,i,t) - P(j=1,2,3) \tag{3-11}$$

3)综合评价方法

①多目标决策方法:多目标决策是定性和定量相结合的系统评价法。常用加权和方法、加权平方和方法、乘除法和目标规划法等。其中最常用的是线性加权和方法。一般形式为:

$$S_i = \sum_{j=1}^{N} S_{ij} W_j (i=1,2,\cdots,m) \tag{3-12}$$

式中　S_i——第 i 方案的总评分值;

S_{ij}——第 i 方案第 j 个标准的得分;

W_j——第 j 个标准(指标)的权重。

评价指标项目及权重应根据方案具体情况,用特尔非法、层次分析法等合理确定。

例:确定某城市污水处理厂工艺流程时采用了表 3-4 的评价指标及权重,按工艺方案特点确定评价指标,一般可以采用 5 分制评分,效益最好的为 5 分,最差的为 1 分。同时,按评价指标的重要性进行级差量化处理(加权),分为极重要、很重要、重要、应考虑、意义不大五级。取意义不大权重为 1 级,依次按 $2n-1$ 进级,再按加权数算出评价总分,总分最高的为多目标系统的最佳方案。

表 3-4　某污水处理厂工艺方案评价指标及其权重

序　号	评价指标	权　重	序　号	评价指标	权　重
1	基建投资	18	7	污泥处理和利用	6
2	年运行费用	18	8	工艺成熟性	10
3	占地面积	8	8	运行稳定性	8
4	能源销耗状况和节能效果	6	10	设备国产化率	4
5	BOD_5 去除率	10	11	自动化水平	4
6	N、P 去除率	10	12	操作难易程度	2

②层次分析法:层次分析法是美国著名运筹学家 T. L. Saaty 提出的一种系统分析综合方法,用于求解层次结构复杂评估系统的评估问题。采用指标两两比较的方法构造比较判断矩阵,利用求解与最大特征根相应的特征向量的分量作为权重的办法确定指标权重,并根据最低层次指标权重和指标值对评估对象综合评估。基本过程如下:层次分析法的基本步骤如下:

a. 建立评估指标的层次结构模型

根据各工艺方案评估系统的相互联系,逻辑归属及其相对重要性的因素分层排列,构成一个由上到下的递阶层次结构,最高层为目标层,中间为准则层和指标层,底层为方案层。图 3-3 为污水处理厂工艺方案综合评价指标体系的四阶层次结构。

b. 构造比较判断矩阵

根据决策人或专家组的主观判断,就每一个上层元素,对与其有逻辑关系的下属 N 个元素进行两两比较，确定下层元素对某一上层元素的相对重要性。设第 i 个元素对第 j 个元素的相对重要性的估计值为 a_{ij}，它近似于元素 i 的权值 W_i 与元素 j 的权值 W_j 之比。得评价矩阵：

$$A=\begin{bmatrix} a_{11} & a_{12} & \cdots & a_{1n} \\ a_{21} & a_{22} & \cdots & a_{2n} \\ \cdots & \cdots & \cdots & \cdots \\ a_{n1} & a_{n2} & \cdots & a_{nn} \end{bmatrix} \approx \begin{bmatrix} W_1/W_1 & W_1/W_2 & \cdots & W_1/W_n \\ W_2/W_1 & W_2/W_2 & \cdots & W_2/W_n \\ \cdots & \cdots & \cdots & \cdots \\ W_n/W_1 & W_n/W_2 & \cdots & W_n/W_n \end{bmatrix} \tag{3-13}$$

根据对人的心理和思维规律的研究，Saaty 提出了 9 种重要性级别来表示这种比较判断，即 1 表示同等重要，3 表示略微重要，5 表示相当重要，7 表示明显重要，9 表示绝对重要，2，4，6，8 为上述两个相邻判断的中间值。

c)层次单排序及其一致性检验

对每个单一判断矩阵计算元素之间相对于上层元素的重要性权重。层次但排序通过解以下特征值问题得到：

$$AW=\lambda_{\max}W \tag{3-14}$$

其中 A 是比较判断矩阵，$\lambda_{\max}$ 是 A 的最大特征值，W 是对应 $\lambda_{\max}$ 的特征向量，即是同层次各元素对于上一层次某因素相对重要性权重。

由于判断矩阵元素是依据经验判断确定标度值而定，人们分析判断时难免具有片面性。为了防止这种片面性导致的错误，故要对层次排序进行一致性检验。如果对 A 中元素 $a_{ij}\,(i,j=1,2,\cdots,n)$ 的估计一致，则有：

$a_{ij}=1/a_{ji}$，$a_{ij}=a_{ik}\cdot a_{kj}$，$a_{ii}=1(i,j=1,2,\cdots,n)$。为此需要建立一个辨别一致性好坏的标准，称为一致性检验指标，用 $C.I$ 表示。

$$C.I=\frac{\lambda_{\max}-n}{n-1} \tag{3-15}$$

可以证明，当判断矩阵完全一致时，$\lambda_{\max}=n$，这时 $C.I=0$。对不完全一致的判断矩阵 $\lambda_{\max}>n$，这时 $C.I>0$。为是判断矩阵具有满足的一致性引入一个一致性比率 $C.R$：

$$C.R=C.I/R.I \tag{3-16}$$

$R.I$ 称为随机一致性指标，它是在判断矩阵中随机输入 1～9，以及其倒数对计算得到一致性指标 $C.I$ 的平均值。对 1～10 阶矩阵的 $R.I$ 值见表 3-5。

表 3-5　随机一致性指标值

n	1	2	3	4	5	6	7	8	9	10
$R.I$	0.00	0.00	0.58	0.90	1.12	1.24	1.32	1.41	1.45	1.44

一致性比率 $C.R$ 用来判定矩阵 A 能否接受，若 $C.R>0.1$，说明 A 中各元素 a_{ij} 的估计一致性太差，应重新估计；若 $C.R\leqslant 0.1$，说明 A 中各元素 a_{ij} 的估计基本一致，可以用求得的 W 作为 n 个指标的权重。

d)层次总排序及其一致性检验

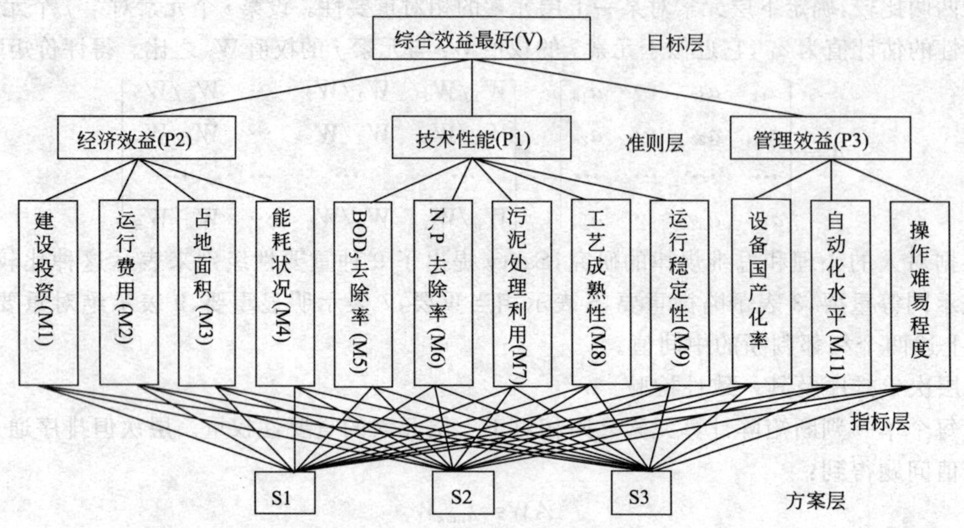

图 3-3　为污水处理厂工艺方案综合评价指标体系

利用层次总排序的计算结果，综合出对于最高层次的相对优劣顺序，就是层次总排序。再进行一致性检验，若检验通过，即可求得总的排序结果，若不一致需要重新评定。

③模糊综合评价　对于工艺方案的评价有些指标难以做出确定性表述，而只能给出一个模糊的概念。可以用模糊综合评价法进行评估。先求出模糊评价矩阵 $R=(r_{ij})_{4\times n}$，其中 $r_{ij}=u_{ij}(x)$ 表示方案 X 在第 i 个因素或指标，在第 j 级评语的隶属度，对于多(n)个因素(或指标)进行评价，需要先给出个因素(或指标)的权重 $\overline{W}_i\ (i=1,2,\cdots,n)$，然后给出权重集合：$A=(W_1,W_2,\cdots,W_n)$，最后利用矩阵的模糊乘法得到综合模糊评价结果：$B=A\cdot R$，取其中最大的隶属度值就可得到评价最优方案。

设污水处理厂初选了三个不同的污水处理工艺进行最终评价，分别为 d_1,d_2,d_3，根据模糊理论，构成了模糊综合评价的决策集：$D=\{d_1,d_2,d_3\}$，模糊综合评判的指标集合为：$U=\{u_1,u_2,u_3\}$

其中：u_1：建设投资；u_2：预计年运行费用；u_3：占地面积；u_4：出水水质(以 BOD_5 计)；u_5：N、P 去除率；u_6：能源消耗状况和节能效果；u_7：工艺成熟性；u_8：运行稳定性；u_9：污泥处理和利用；u_{10}：设备国产化率；u_{11}：自动化水平；u_{12}：操作难易程度。

邀请专家进行模糊评价得到模糊评判矩阵 $R=r(ij)_{12\times 3}$，即为：

$$R=\begin{pmatrix} r_{11} & r_{12} & r_{13} \\ r_{21} & r_{22} & r_{23} \\ \cdots & \cdots & \cdots \\ r_{n1} & r_{n2} & r_{n3} \end{pmatrix} r\in[0,1] \tag{3-17}$$

上述各评判目标对污水处理厂运行和处理效果的影响程度不一样，所对应的权重值也不一样，设目标的权重值用 W_i 表示。$W_i=(w_1,w_2,\cdots,w_{12})$，则权向量为：$\sum_{i=1}^{12} w_i=1$，权重向量 W_i 的确定反映了专家对问题理解的重要程度，是专家经验和决策者意志的体现，它恰当与否，直接影响到综合评判的结果。根据模糊数学合成原理，将模糊权重向量 W_i 和模糊评判矩阵 (R) 相乘，得出模糊评判向量 (B)：$B=A\cdot R=D=\{b_1,b_2,b_3\}$。其中 $\max\{b_j\}=\sum_{i=1}^{12} w_i r_{ij}$ 所对应处理工艺为最优工艺。

五、主要设备的选型

主要设备的选型也是影响工程投资和运营成本的重要因素，同样功能和型号的设备国产和进口设备的价格相差悬殊，一般进口设备是国产设备的 4～6 倍，但进口设备相对于国产设备质量较稳定，运行维护费用相对较低，选择进口设备还是国产设备，最终通过污水处理成本影响特许经营价格。因此，设备的选用原则上尽量优先采用国产设备，在外商投资情况下，可以考虑利用国外设备。

六、污水处理厂选址

1. 符合城市总体规划

污水处理厂选址从规划角度而言，一般要求位于城市规划区下游，以尽量依靠地形坡度和重力流收集城市污水，节约污水收集运行费用。其次，应注重规划收集范围的管道走向、水量布局、实施期限等情况，确定最优厂址；再次，有些污水处理厂选址时会考虑城市规划污水量布局，如主要污水量位于城市规划区中上游，而目前下游规划片区实施较为长远；因此，一般在结合财政实力和运行总费用考虑，不应简单将污水处理厂厂址设置于规划区最下游。

2. 符合再生水回用规划

根据当地的水资源的稀缺状况，当地对再生水的回用政策和要求，以及当地对再生水回用的主要方向和回用规划，选址尽量靠近再生水回用主要方向和用户，有利于再生水的回用和降低回用成本。

3. 符合环境保护要求

从环保角度污水处理厂选址从环保角度而言，一般要求污水处理厂建成后不要对周围环境(指自然资源、水域、地下水、耕地、森林、水产、风景、名胜、自然保护区等)造成不可恢复的破坏，一般不宜设置在城市或居民区的上风向、城市水源的近距离上游。此外，在选址时应关注污水处理厂在建成投产后排放的污染物不超过地方环境容量所容许的范围。同时，污水处理厂建成投产后，对周围特别是下游城镇的水源保护区、养殖区等生态环境敏感区的环境影响应在该地区的要求范围之内。

4. 结合工艺选择要求

处理工艺角度污水处理厂建设设计时应结合当地实际进、出水要求选择合适处理工艺。

一般城市污水处理厂主要以处理城市生活污水为主，污水可生化性较好，一般采用二级生物化学处理工艺或者进一步深度处理工艺。因此，污水处理厂选址时应结合不同的进出水要求，确定合理工艺和厂址用地，并结合当地的实际条件，选择最优厂址。

5. 节约投资

从投资角度看，目前城市污水处理厂建设投资一般受用地规模、处理工艺、防洪、地基处理等要素影响，而且国内大部分城市污水处理厂主要采用 BOT 运作，因此污水处理厂投资基本能够得到较好控制。但是，作为一个城市污水处理基础设施建设而言，城市污水收集干管投资往往比厂区建设的投资大，而且管网布局走向在一定程度上也受到厂区位置影响。因此，从优化投资角度考虑城市污水处理厂选址时，还应同步考虑污水处理厂选址对厂外截污干管布局及投资的影响，选择总投资费用最小化的厂址，确保选址决策的科学性。

城市污水处理厂选址中一般要结合规范要求进行比选，但同时也要求具体问题应该具体分析。在实际工作中，应结合当地可供选择场地的特点，在综合考虑规划、环保、处理工艺、再生水回用、投资等角度，确定技术经济最佳方案，保证污水处理厂工程建设的科学实施。

七、污泥的最终处置

1. 对特许经营的影响

城市污水处理厂在运行中产生大量污泥，这些污泥的处理和处置是前期工作中必须关注的问题，污泥的最终处置方式不仅直接影响到污水处理的成本和特许经营价格，而且处置不当很容易造成二次污染。目前主要有填埋、焚烧、堆肥等处理方式，不同的处理方式处理成本有很大差别，从而影响运营成本，影响特许经营价格。

2. 污泥处置方式选择

(1)目前常用污泥处置方式

在城市污泥的处置与利用方法中，目前国内外常用的污泥处理方法有，一是消化脱水、干化；二是脱水、高温干化。污泥的最终处置方式主要有：污泥填埋；土地利用；焚烧及热化学处理三种，污泥的处置方法如图 3-4 所示。

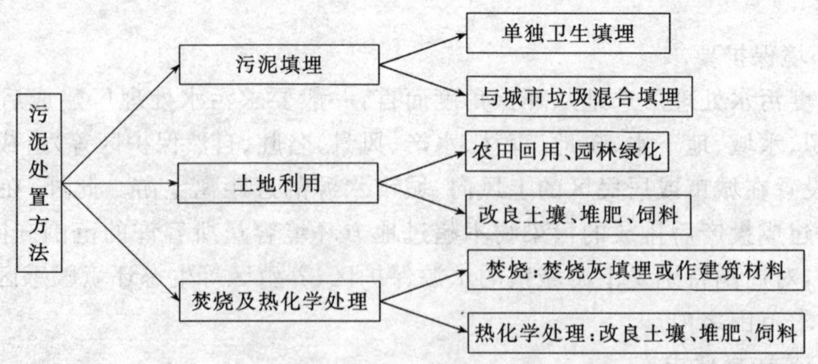

图 3-4 目前常用的剩余污泥处置方法

1)污泥填埋

污泥消化后经脱水再进行填埋是目前国内许多大型污水处理厂中常采用的方式，经过消化后的污泥有机物含量减少，性能稳定，总体积减少，脱水后作填埋处置是一种比较经济的处理方式。

2)污泥的土地利用

污泥的土地利用主要有农田回用、园林绿化、改良土壤、堆肥等。城市污水处理厂的污泥作为农业、林业、绿化用肥必须满足三个基本要求，一是污泥中需含有较高的植物所必需的营养成分；二是污泥中的有毒有害物质含量不超过国家规定的污泥农用标准；三是污泥必须经过较严格的无害化处理。

3)污泥焚烧

污泥焚烧是将污泥置入焚烧炉内，在过量空气加入情况下，进行完全焚烧。焚烧后最终污泥含水率为零，其中多环芳烃类污染物不复存在，其他有机污染物含量也几乎为零(重金属离子不能被有效去除，沉积在焚烧灰中)，其体积大为缩小，使污泥最终处置极为便利。污泥焚烧可以使剩余污泥的体积减少到最小化，是相对比较安全的一种污泥处置方式。它可以解决其他方法中污泥要占用大量土地的缺陷，这对于日益紧张的土地资源来说是很重要的。焚烧后剩余污泥中的水分、有机物等都被分解，只剩下很少量的无机物成为焚烧灰，而这些焚烧灰可以作为建筑材料。

4)污泥热化学处理

污泥热化学处理是将污泥在无氧或低于理论氧气量的条件下，加热到一定温度(高温：500 ℃～1 000 ℃，低温≤500 ℃)，使固体物质分解为油、不凝性气体和炭三种可燃物，部分产物作为前置干燥与热解的能源，其余能源回收。

(2)污泥处置方式比较

1)污泥农用：技术可靠，有较长时间的应用和实践；操作安全性好；可以较大程度利用污泥中的有机物；费用较少，处理成本低；不足：占地面积比较大；运输计划比较复杂，要考虑气候等多种因素的影响，运输费用高。由于国内很多污水处理厂污水中的工业废水都占有一定的比例，剩余污泥中含有一定比例的重金属离子、呋喃等有害物质，长期使用会在土壤中富集，造成土地板结，并通过食物链与生物链的传递对人类产生毒害作用。

2)卫生填埋：技术可靠，有较长时间的应用和实践；操作安全性好；可以较大程度利用污泥中的有机物；费用较少，处理成本低；不足：占地面积比较大；运输计划容易，不足是：城市污水处理厂消化装置工艺复杂，一次性投资大、运行操作难度大，实际运行经验表明，脱水污泥含水率大大高于普通生活垃圾卫生填埋场所要求的30%的含水率，难以达到预期的效果；需要经再处理才能送生活垃圾场填埋，或者设专用的污泥填埋场，根据污泥的含水率及力学特性等因素进行专门填埋，但占地较大、选址受限、运输距离较长，要考虑气候等多种因素的影响，运输费用高，存在二次污染等问题。

3)焚烧：技术可靠，有较长时间的应用和实践；操作安全性较好；选址容易，如果就近焚烧可以节约运输费用。不足：焚烧装置设备复杂，建设和运行费用高于一般污泥处理方法；焚烧需要消耗大量的能源，而且还存在烟气污染问题。

4)热化学处理：热化学处理法具有灭菌效果好，处理迅速，占地较少，处置后污泥稳定并可利用其所含有机物实施能源回收等优点达到使污泥处置减量化、无害化、资源化的目的，因此被认为是很有前途的污泥处理方法，受到广泛关注。但突出的问题是设备昂贵、建设费用和运行费用高，目前难以推广使用。常用的污泥处置技术的投资与运行成本大致见表 3-6。

表 3-6 几种污泥处理方式的投资与运行成本

处置方法	投资费用(75%含水率)(元 $m^{-3} \cdot a^{-1}$)	运行成本(75%含水率)(元 $m^{-3} \cdot a^{-1}$)
卫生填埋	350～420	15～25
干化填埋	800～850	100～160
污泥农用	350～400	创造净收入约 130
焚烧	700～750	120～200
作建筑材料	300～350	基本与销售成本相抵
热化学处理	600～650	与销售副产品收益相抵

(3)污泥处置方式的合理规划

城市污水处理厂的剩余污泥既是污染物又是一种资源，污泥的处理、处置与资源化利用相结合是最好的出路。对污泥的处置，应该从污泥的减量化入手，选择合理的处置方式，做到无害化、资源化、走可持续发展的道路。依据目前污泥处置技术的应用情况和发展趋势，结合各种处置方式的特点和我国城市具体特点，合理规划处置方式。

中小城市的污水处理厂，特别是那些土地资源丰富的中小型城市污水处理厂，填埋仍然是垃圾和污泥处置中首选的方法。

经济高速发展的新兴城市的污水处理厂，污泥农用是较为有效的处置方式，一方面可以作为资源化产品用于城市周边的乡村；另一方面城市的绿化用地需求也是重要的潜在市场。

对于污水处理规模很大的大城市污水处理厂的污泥处置，由于大城市土地资源有限，距离农村较远，填埋和农用都不是有效的处置方式，应该采取污泥干化焚烧，目前污水处理量偏小的情况下，将污泥作脱水处理后与城市垃圾一并焚烧，当污水处理量达到一定规模后，可采用性能优异的污泥热化学处理工艺和设施。

第二节 污水处理特许经营资产转让规划

一、资产转让方案审批

采用 TOT 方式实施特许经营，必须首先取得对国有资产的处置权，根据国家有关规定，提出资产转让方案，编制项目建议书，在征求行业主管部门(或原投资部门)的意见后，按照现行的有关规定，上报有权审批部门批准。必须通过项目的建议书的审批，由上级主管部门审批以后才可以实施，是特许经营项目实施的前提。

二、污水处理资产评估

利用 TOT 模式实施特许经营，特许经营者需要买断污水处理厂的全部或部分产权和经营权，会发生产权的转让行为，因此必须对现有资产进行合理的估价。转让的污水处理厂是基础设施，属于国有资产，估价过低，会造成国有资产流失；估价过高，则会影响受让方的积极性。需要处理好资产转让与国有资产正确估价的关系。

1. 资产评估内容

污水处理厂实施 TOT 模式的特许经营，需要政府部门委托有资质的评估机构对原污水处理企业的资产进行详细评估，评估内容包括污水处理厂固定资产评估、无形资产评估、流动资产以及企业的负债等。固定资产是指污水处理企业使用期限超过 1 年的房屋、建筑物、机器、机械、运输工具以及其他与生产、经营有关的设备、器具、工具等。不属于生产经营主要设备的物品，单位价值在 2 000 元以上，并且使用年限超过 2 年的，也应当作为固定资产；流动资产是指可以在一年或者超过一年的一个营业周期内变现或耗用的资产，包括现金及各种存款、短期投资、应收及预付货款、存货等；无形资产是指不具实物形态，对生产经营长期发挥作用且能带来经济利益的资源，包括专利、商标等。企业负债包括长期负债和短期负债。通过评估明确企业的资产、负债情况。

2. 土地使用价值评估

在资产评估中需要正确评估土地价值，污水处理厂建设取得土地，要向土地所有者支付土地使用费，土地使用费包括两部分，一部分为土地征用及迁移补偿费（包括向原土地使用者支付征地拆迁费，土地补偿费，青苗补偿费和被征用土地上的房屋、水井、树木等附属物补偿费，安置补助费，水利水电工程水库淹没处理补偿费，在取得和使用土地过程中，还要向国家缴纳有关耕地占用税或城镇土地使用税、土地登记费及向土地管理部门缴纳土地征地管理费等）；另一部分为土地使用权出让金（指建设项目通过土地使用权出让方式，取得有限期的土地使用权，依据《中华人民共和国城镇国有土地使用权出让和转让暂行条例》规定，支付的土地使用权出让金）。污水处理厂建设属公用事业，污水处理厂建设用地向国家支付的土地使用权出让金可予以减免，但土地征用及迁移补偿费，必须作为污水处理厂建设费用而计入资产价值，在资产评估中予以合理评估。

三、原污水处理企业改制

污水处理厂实施特许经营前属于国有企业，存在着特许经营之后的国有企业职工人员安置问题，这对于特许经营的成功实施至关重要，如果不能妥善安排职工问题，特许经营根本无法实施。另外，原有的污水处理厂的建设资金来源大多是贷款和国债，由于经营效率低下，往往存在很大的债务负担，如果将债务转嫁给经营者，经营者最终还是通过污水处理费的回收，转嫁给城市居民，从而增加居民负担；政府实施特许经营的目的之一就是要甩掉包袱，减轻财政负担，自然不愿意再承担这些债务。这些债务如何妥善处理对特许经营成功实施有重要影响。污水处理企业大多是一个完全独立的国有企业，往往存在着债务如何处理、离退休、在岗人员如何安排等问题。因此，在资产转让前必须对这些问题进行深入研究，并形成基本可行的方案。如负债问题，人员安排问题。

1. 职工安置

原有污水处理企业的职工，包括离退休人员、内退人员、在岗人员、临时人员等属于事业单位职工，必须进行身份置换和合理的安置。职工安置需要政府出台有关事业单位职工身份置换的政策，制定职工安置方案，并承担现有职工的安置和污水处理厂改制产生的成本费用，总安置费从污水处理厂国有资产中支出。

对原污水处理厂或排水公司的离退休人员、内退人员仍由政府机构管理，并逐月发放离退休及内退人员相关工资和其他费用。由于在职人员在污水处理厂工程建设和运行方面积累了丰富的管理经验，也具有多年与地方建设和行业主管部门沟通协调的经历，因此，为保证新水务公司平稳运作和维护社会稳定，可以通过特许经营协议约定，新成立的项目公司雇佣所有原污水处理厂的管理人员和职工，优先安排他们参加新污水处理厂的建设和污水厂的管理工作，保证污水厂平稳交接和平稳运行。项目公司充分利用在污水处理厂方面的管理经验和先进的管理机制，对雇佣的所有管理人员和职工再进行管理、财务、工艺技术、设备维护和分析化验等方面的培训，重新调配人员管理结构和薪水分配机制，竞争上岗。

2. 污水处理企业负债

由于我国现有的污水处理厂大多是政府贷款和利用国债资金投资建设，造成污水处理企业的负债属于建设负债，这些债务原是由政府来借贷的，债务法律关系明确，如转让给投资人，运作程序比较繁琐，为保证债权人的合法权益，这些负债应由借债的政府负责偿还。另外，现有债务的利息大多是政府贷款，比较优惠，还款期也较长，不会给政府带来较大的财政负担。政府偿还负债的资金，可以通过现有资产转让获得，如果将债务转嫁给投资人偿还，投资人会按增加投资额度，同样要求投资收益，从财务分析上来看，政府承担此债务也更为有利。

3. 污水处理闲置资产处置

由于设计规模严重超前造成大量的资产闲置，这些闲置资产的处理直接影响到特许经营的实施。如果把这些资产全部转让实施特许经营，最终会造成水价上涨到居民难以承受的程度；相反，如果不把闲置资产转让，会造成这些资产难以回收，并且会影响今后的污水处理厂发展。污水处理厂超前建设带来的资产闲置是由政府的投资决策失误造成的，根据“谁投资，谁受益，谁承担风险”的原则，资产闲置造成的损失理应由政府承担。在实行特许经营时，闲置资产不应该转让；闲置资产在闲置期间，无偿交给特许经营者维护，维护费用由政府承担。随着城市污水量的不断增加，逐步投入使用的闲置资产再逐步转让。

第三节 污水处理特许经营体制选择

城市污水处理设施包括城市污水处理排水管网和城市污水处理厂两个部分，污水处理特许经营体制就是解决如何对污水处理设施进行特许经营的问题，污水处理设施的经营机制主要有两种，一种是“厂网合一”的特许经营体制，即将污水处理厂和排水管网作为一个整体实施特许经营；另外一种就是“厂网分离”的体制，即将污水处理厂和排水管网分开，排水管网仍有国有排水公司经营或承包经营，只对污水处理厂实施特许经营。

一、“厂网合一”运营体制

从西方发达国家(如英国、法国等)的管理体系分析，推崇厂网合一的管理模式，因为污水处理厂网分离分级管理体制有许多弊端。首先，城市污水排放和处理系统具有整体性，污水系统由收集、转输、处理、排放、回用等要素构成，是一不可分割的整体。污水处理设施分级管理，违背了污水排放自身的系统性规律。采用分级管理，也很难发挥系统的最大效能，污水处理厂对进水水质的要求十分严格，而分级管理显然不利于进人污水处理厂水质的控制。其次，分级管理造成资金、人员、机械、科技力量的分散，削弱了养护管理的综合实力和资源的有效利用，大部分资金用于人员经费开支，不利于成本节约。

二、“厂网分离”运营体制

从目前国内城市污水处理特许经营的运作实际现状来看，特许经营基本上都是只针对污水处理厂而将污水处理管网排除在外，即“厂网分离”的特许经营体制。其主要原因在于以下几个方面：

1.“厂网分离”技术上可行

从纯技术角度分析，污水处理厂的运营是一个经营市场，而污水处理收集系统的运营主要是一个作业市场。也就是说：污水处理厂经营的技术含量要远远高于管网运营，是不同技术层次上的经营。因此，在技术层次上污水处理厂和污水管网可分开运营。

2.“厂网分离”有利于管理

城市污水处理特许经营采用“厂网合一”或“厂网分离”运营模式从管理的角度来说，由于西方发达国家污水收集系统已逐步完善为分流制，其作用主要是只为污水处理厂提供服务，不承担雨水收集的功能。而国内许多城市，在老城区基本上是采用合流制，污水收集管网不仅承担收集和转输污水的作用，更主要的作用是收集和转输雨水，起到防洪排涝的作用。而城市的防洪排涝具有随机性和不可预见性，需要政府的统一调度和协调。污水处理厂和管网的运营具有不同的功能和定位，因此，从管理角度来看，目前应该执行“厂网分离”的管理体制。

3. 符合国家政策要求

根据国家计委、国家经贸委和外经贸部 2002 年 3 月 11 日颁布的《外商投资产业指导目录》和建设部《关于加快市政公用行业市场化进程的意见》等文件精神的规定：城市排水管网不允许外商投资控股，对城市污水处理产业化按“厂网分开”的原则推行，即污水处理厂部分的投资、建设和运营推向市场，全面引人竞争机制；城市污水管网的投资仍主要由政府承担，且属禁止外商投资领域。

4. 可操作性强

城市污水处理特许经营实行“厂网分开”模式，具有很强的可操作性。主要体现在以下几个方面：

(1)实行“厂网分开”模式，将污水管网排除在引资外，可以吸引更多的外国投资商参与投标，由于影响城市排水管网建设投资和施工的因素有很大的不确定性，如房屋拆迁、道路恢复补偿、地下水影响、复杂的地质情况以及其他地下管线的干扰和影响等，它们会影响将来的实际建设投资，使投资商报价和建设非常困难。而投资人只负责污水处理厂的建设和运营，可以大大降低项目公司的建设和管理难度。

(2)“厂网分离”使投资人易于确定 BOT 建设工程报价，污水处理的成本和价格是选择投资人的重要依据，将评估和比较经营期 1～2 年内的污水处理价格，因此合理确定和测算污水处理成本和价格对于成功选择投资人具有重要作用。但是城市排水管网的使用和折旧年限可高达 50 年，而污水厂的折旧和特许经营年限一般 20～30 年。经营年限和使用寿命的不统一对于污水处理成本测算和污水处理费的测算都造成一定困难。特许经营将管网排除在外，避免了污水处理厂和管网运营及使用寿命年限不统一的问题。能够有利于合理确定和测算污水处理的成本和价格，从工程建设的角度也更容易吸引投资商参与投标。

(3)污水处理厂和排水管网及泵站分别由投资人和政府来建设和运营，项目运作结构相对简单，政府利用所得资金进行管网泵站的建设，它们更容易协调管网建设中与市政各个部门的关系，有利于管网的建设和管理。而项目公司则可以完全摆脱管网建设过程中的各种干扰和影响，全力以赴进行技术性比较强的污水厂的融资和建设，大大加快了整个项目的进程，保证工程的进度和质量。

第四节　特许经营方案设计

一、特许经营方案的选择

1. 特许经营方式

目前在我国特许经营常用方式主要有 BOT、TOT，一般 BOT 模式主要是针对新建的污水处理厂，TOT 模式主要是针对已经建成正在运营的污水处理厂。由于污水处理厂存在规模经济和自然垄断的特征，因此，在选择特许经营方式的时候，为了实现污水处理运营管理的规模效应和保持自然垄断属性，可以将 BOT 与 TOT 模式统一进行运作。即对城市现有的污水处理厂采用 TOT 模式，同时对准备新建的污水处理厂采用 BOT 模式，并且进行运作，组合打包实施特许经营。特别是对中小城市，城市本身规模较小，城市污水处理设施规模不大，可以考虑将 BOT 与 TOT 模式统一进行运作方案。

2. 特许经营期确定

按照国际惯例，对获得特许经营权的企业，特许经营期的确定应当保障其投资的回收和相应的合理回报。目前污水处理特许经营期一般在 20～30 年。企业的投资回收主要来自两个方面：一方面是固定资产的折旧和递延资产的摊销，另一方面就是所赚取的利润。对于污水处理企业，其收益水平确定的原则应当有：

(1)保本微利：公用事业收益回报的最基本的原则就是保本微利，保本是保证企业的基本经济利益，微利是考虑污水排放者的合理负担而确定收益率。但是，对于保本微利要有正确的理解。一个是企业不能因为提供污水处理服务而获得高收益或暴利，但是第二方面，作为对政府提供污水处理服务的企业来讲，与政府之间是基于商品经济条件下依据等价交换原则形成的有偿服务，企业有权利获得与社会平均回报率相当的投资报酬率。

(2)接近社会平均水平和行业平均水平：污水处理行业在工艺过程和技术水平相似的情况下，其成本和收益水平不应当有很大差别。

(3)污水处理业务属于低风险经营行为，风险报酬率应低于一般市场化经营企业的风险回报率，由于被赋予了特许经营权，排除了本企业与其他企业争夺市场、在服务竞争和价格竞争方面较少威胁，从而使其市场竞争成本降低，经营风险降低，按照收益与风险对等的原则，其收益水平应当比高度竞争的行业的回报率略低。

(4)考虑贷款的还款能力和还款期限：对于贷款建设的项目。要把还款期限内每年的还款本息来源考虑进来，给企业提供适当的回收资金的能力。

二、方案的经济可行性评价

经济可行性分析是判断城市污水处理特许经营污水处理量是否足够规模，以避免规模过小，引起投资不经济，污水处理费过高。有利于政府部门在制定水费时既要考虑到投资者，同时也要考虑当地居民的经济状况，据此制定有关污水处理费的政策、衡量污水处理费收费总量能否支持污水处理厂的建设费、运行费和承包商的利润，调整污水处理费，收取合理的水费，保证投资人的合理收益。

1. 项目公司的资金结构

特许经营项目资金结构的突出特点是负债比率高，一般在 50%～70%，而且采取无追索或有限追索项目融资。项目的资金结构直接影响权益投资者、债务投资者和政府的风险与回报。在污水处理厂实施特许经营前，投资方要设立一个项目公司，由项目公司负责项目的运作，经过竞争产生的投资商通常要投入占项目总投资 30%～50%的资金作为项目公司的资本金，其余资金由项目公司从资本市场上融资。资金来源一般以自有资金和银行贷款两部分来满足项目所需的资金，其中自有资金全部由投资人提供，负债全部由银行提供，则项目资金成本为：

$$R=\alpha i_1+\beta i_2 \tag{3-18}$$

式中 R——项目的加权平均资金成本率；

$$\alpha+\beta=1$$

α——贷款比率；

β——自有资金比率；

i_1——贷款资金成本率；

i_2——自有资金的成本率，自有资金的成本率一般不低于同期银行存款利率。贷款资金成本率高低主要取决于市场利率的水平，企业从银行取得贷款，企业的贷款资金成本为：

$$K_i=i\cdot(1-T)/(1-f) \tag{3-19}$$

式中 i——贷款年利率；

T——所得税税率，由于污水处理厂因国家目前未有明确的税费规定，故以零税率计算；

f——贷款费用率，由于很低也可忽略不计，贷款资金成本可按利息率考虑。

2. 经济效益评价

对某一项目的经济效益是否合理，一般采用现金流量法或经济利润法进行评价：

$$\text{投资资本回报率}=\text{税后净营业利润}/\text{投资资本} \tag{3-20}$$

$$\text{经济利润}=\text{投资资本}\times\text{投资资本回报率}/\text{加权平均的资本成本} \tag{3-21}$$

$$\text{现金流量}=\text{税后净营业利润}-\text{净投资} \tag{3-22}$$

从上述公式可以看出，项目的投资资本回报率必须大于或等于加权平均的资本成本，该项目的经济利润方能存在，同时项目产生的现金流量必须大于投资额，则自有现金流量方为正值。对于投资方而言，项目的投资利润率必须大于或等于项目资金成本。

3. 污水处理服务费构成

特许经营方式建设运营的污水处理厂，特许经营者所收取的污水处理费可用下式表达：

$$P=C_0+C_1+C_2+C_3 \tag{3-23}$$

式中 P——特许经营者所收取的污水处理费；

C_0——维持污水处理厂正常生产的费用；一般二级处理污水处理厂的日常运营费用大致在 0.25～0.50 元/t 的范围内波动。

C_1——污水处理厂在经营中的更新费用

$$C_1=(I\times\alpha)/Q_{年} \tag{3-24}$$

式中 I——投资人的总投资；

α——设备的更新率；

C_2——银行贷款偿还，假设按照等额还款

$$C_2=\{I\times[k\times(1+k)^n]/[(1+k)^n-1]\}/Q_{年} \tag{3-25}$$

式中 k——贷款年利率；

$Q_{年}$——污水处理常年污水处理量；

C_3——投资人的收益，$C_3=(I\times\beta)/Q_{年}$；

β——投资人的投资收益率。

投资利润率假定为项目资金成本率，对与使用资金有关的各项进行综合计算：

$$P_c = C_1 + C_2 + C_3 \tag{3-26}$$

$$\begin{aligned} P_c &= I \times \{\alpha + \beta + [i_1 + (1+i_1)^n]/[(1+i_1)^n - 1]\}/Q_{年} \\ &= P_0 \times \{\lambda + r + [i_1(1+i_1)^n]/[(1+i_1)^n - 1]\} \end{aligned} \tag{3-27}$$

式中 P_c——污水处理费中所含的资金成本价格(不计税费)；

P_0——年吨处理污水投资价格，$P_0 = I/Q_{年}$；根据建设部的有关标准，建设一座二级城市污水厂的投资见表 3-7。

表 3-7 污水处理厂建设投资

建设规模	1～5	5～10	10～20	20～50	50～100
造价[元/(m³·d)]	1 350～1 120	1 120～950	950～820	820～700	700～600

吨水处理费中用于资金成本部分的费用总和的估算：按照通常的项目情况，假设项目经营期为 20 年，设备更新率为 2%，负债比率为 65%，权益比率为 35%，参考《建设项目经济评价方法与参数》《给水排水建设项目经济评价细则》的有关参数，即污水处理行业投资利润率一般为 7%～10%，最后污水处理厂项目的加权平均的资金使用成本估计在 5%～7%，按照 $P_c = C_1 + C_2 + C_3$ 三部分加合计算，则吨水处理费中所含的资金使用费用见表 3-8。在此基础上再加上污水处理厂日常运营费用，可以大致测算出特许经营方式投资商所要求支付水费的范围，据此测算出当地收费总量能否支持以特许经营形式建设的污水处理厂所需的污水处理费用。

4. 经济可行性分析结论

结合表 3-8 的计算结果可看出，采用特许经营的污水处理厂规模越小，成本越高；同时资金使用费在整个污水处理费中占有的比重越大，如果城市污水处理厂的规模小于 5 万吨/d，采用特许经营今后将会引起污水处理费的大幅度上升，从经济角度考虑这种项目是不合适的。根据当地污水量已达到的程度，要避免因规模过小引起投资不经济，导致单位污水处理费用过高。通过分析判断是否可以采用特许经营模式，如果无法达到收支平衡，必须通过政府财政补贴。

表 3-8 污水处理费中所含的资金成本 (元/t)

项目规模(万立方米·d⁻¹)	污水费中还贷费	污水费中更新费	吨污水处理费中利润		合计	
			r=5%	r=7%	r=5%	r=7%
1	0.329 9	0.074	0.184 9	0.258 9	0.588 8	0.662 8
5	0.273 7	0.061 4	0.153 4	0.214 8	0.488 5	0.549 9
10	0.224 8	0.052 0	0.130 1	0.182 2	0.406 9	0.459 0
20	0.200 4	0.044 9	0.112 3	0.157 3	0.357 6	0.402 6
50	0.171 1	0.038 3	0.095 9	0.134 2	0.305 3	0.343 6
100	0.146 6	0.032 9	0.082 2	0.115 1	0.261 7	0.294 6

第五节　投资人招标时机确定

一、BOT特许经营投资人选择时机

BOT模式特许经营可以大致分为三个阶段，前期准备阶段，特许经营实施阶段和移交阶段。前期准备阶段的工作内容关键取决于实施阶段的开始时间，实施阶段是指从选择投资人开始，并授予特许权，一直到特许经营期结束进行移交时间。BOT项目在选择投资人之前，根据国家的基本建设程序完成项目立项是非常必要的。在项目没有立项的情况下进行选择投资人的工作，如果投资人确定后政府不批准项目，将会给中标人造成很大的损失。已经立项的项目可以降低选择投资人后的项目审批风险，提高投资人参与项目的积极性。因此，项目立项通过的审批文件一般被作为选择投资人的依据。

投资人的选择时机主要有两种情况，一种办法是在污水处理厂可行性研究通过之后而初步设计开始之前开始选择投资人授予特许权，另一种情况是在污水处理厂初步设计完成以后施工图设施开始之前开始选择投资人授予特许权，显然两种投资人选择的时间不同，特许经营的实施阶段开始时间不同，实施内容也不同，相应的前期准备工作也不同。

1. 初步设计完成后

如果在初步设计之后施工图设计之前选择投资人，由于初步设计已经完成，投资人并不介入初步设计。由于初步设计是根据批准的可行性研究报告进行，其主要任务是明确工程规划、设计原则和设计标准，深化可行性研究报告提出的推荐方案并进行必要的局部方案比较。解决主要工程技术问题，提出拆迁、征地范围和数量，以及主要工程数量、主要材料设备数量及工程概算。因此，初步设计之后选择投资人将极大限制了他们优化设计方案，降低工程造价，缩短建设周期的积极性。同时，由于初步设计的单位往往是根据工程概算的一定百分比收取设计费，因此设计单位会为此增加工程的造价，并且由于施工图设计与初步设计单位可能不是同一家单位，今后可能产生相互扯皮的现象，从而影响项目进度和质量。尽管初步设计之后，项目的工程量明确，概算确定，但是不能达到BOT模式使投资人优化设计方案，降低工程投资，缩短建设时间的目的。

2. 可行性研究完成后

在可行性研究之后初步设计之前选择投资人，选定的投资人从设计、施工到竣工验收都可直接参与甚至是独立完成整个项目。这样做的优点：BOT项目立项后，投资人会立即着手进行设计、施工等一系列工作，不存在中间环节，减少扯皮现象，其设计质量高、施工进度更快，项目完成更彻底，使建设周期大大缩短。可行性研究报告是确定建设项目、编制设计文件和项目最终决策的重要依据。污水处理厂建设的规模、处理标准、工艺方案、工程投资等都将在此阶段研究论证后确定。批准的可行性研究报告是进行初步设计的依据，初步设计只是可行性研究中确定的推荐方案的深化。因此可行性研究之后完全具备选择投资人的条件，应该在项目

的可行性研究报告批准以后开始选择投资人。

二、TOT 特许经营经营人选择时机

现有污水处理厂采用 TOT 模式特许经营，从特许经营者的选择开始，一般是在对原有污水处理厂的资产评估，原有企业改制职工安置等相应问题解决以后即选择经营者授予特许经营权，由选定的经营者在特许经营期内进行污水处理厂的运营、维护和管理，特许经营期结束以后，将污水处理厂移交给政府机构。整个实施过程都在政府的监督管理下进行。

第六节　招 标 准 备

一、成立招标机构

成立招标委员会和招标办公室，对于落实项目基本条件、加快招标进度和提高工作效率，具有十分重要的意义。招标委员会一般由政府主管领导担任主任，计划、财政、税务、土地、价格等主管部门的主要负责人作为委员会的成员。招标委员会的主要职责是研究招标过程中的重大事项并做出决策。招标办公室往往设在负责办理招标具体事宜的单位，其职能是贯彻执行招标委员会做出的决策，落实项目前期准备工作，研究项目在经济、技术等方面的问题，并就重大问题的解决方案向招标委员会提出建议。

二、聘请中介机构

由于污水处理厂特许经营涉及到经济、技术、法律等各方面的问题，需要政府在签订合同前，对于项目的经济、技术、法律等方面的问题，做出细致、完整、严密的规定，否则，可能使项目失去公平，使政府处于不利地位，遭受严重的经济损失，或导致招标失败。因此，聘请专业的投融资咨询公司、律师事务所和设计院，发挥他们的经验和优势，帮助政府进行充分和细致的招标准备工作，使项目结构设计更加严谨合理，可以最大限度地降低项目风险，提高项目成功率。

三、相关问题明确

在特许经营招标之前，必须明确与特许经营相关的问题，主要包括招标人、资产转让、建设要求、污水处理运营期间水、电、人工政策、污水处理税收政策、服务收费政策等。通过相关问题的明确，为招标文件的准备提供依据。

1. 招商人：明确招商人和招商代理人，一般是市政府授权的机构；招商代理人一般通过招标确定。

2. 投资竞争政策：明确竞争者条件和优胜者标准。

3. 资产转让政策：根据国有资产管理规定，委托有资质的评估机构进行评估，转让的资产额，不得低于评估值；现在岗人员安置。

4. 污水处理厂建设要求：项目勘查设计、征地拆迁等前期工作确认，有关费用补偿；土地

的使用，一般按公益事业用地拨给市排水公司，征地拆迁费计入建设费用，由排水公司按协议转给投资人使用；设施使用期、人员招聘、污水处理能力、污水处理标准、污泥处置、建设质量等。

5. 污水处理用水、电、人工政策：污水处理用水、电价格，一般按当地居民生活用水、电价格计算；人员工资不低于当地平均水平。

6. 污水处理服务收费政策：经营企业的收费价格确定；价格调整；结算程序等。

7. 税收政策：增值税，一般执行国家免征政策；所得税执行当地政府制定政策。

8. 资产移交要求：资产移交时间、移交范围、资产移交的要求。

四、准备招标相关文件

主要包括资格预审公告、资格预审文件、招标公告、招标文件、特许经营权协议、污水处理服务协议、资产转让协议等。

第四章 污水处理特许经营准入管理

在市场机制下，通过市场充分竞争选择特许经营者，一定程度上可以促进市场主体之间的整合与优胜劣汰，节约社会资源。但是城市污水处理具有自然垄断属性和社会公益性，这些特性决定了城市污水处理的市场竞争不可能是完全的市场竞争，只能通过竞争特许经营权的方式选择特许经营者。因此，通过准入监管，规定市场准入的资质条件，建立资质等级审查评定制度，限定不同资质等级的投资商和运营商的市场准入范围；确立规范的市场准入和退出机制，对于引导和鼓励市场主体进入市场，规范和约束市场主体，从而形成规范有序的市场竞争，保证污水处理提高效率、降低成本具有重要意义。

第一节 市场准入概述

一、市场准入制度

市场准入制度是国家对市场主体资格的确立、审核和确认的各种制度和规范的总称，包括市场主体资格的实体条件和取得主体资格的程序条件，市场准入的资质条件和等级标准，市场进入与退出规则程序等内容。市场准入既引导和鼓励市场主体进入市场，同时对市场主体进入市场进行规范和约束。它作为政府管理的重要环节，是为了保护社会公共利益的需要而逐步建立和完善的。

传统的自然垄断理论为市场准入制度提供了理论基础。如果一个行业具有自然垄断的特点，那么过度竞争必然导致低效率，破坏社会生产力。但同时，垄断企业利用垄断权力操纵市场则会导致社会福利的损失。为增进效率和社会福利，政府对自然垄断行业一般采取两种对策，一种是政府自己直接经营具有自然垄断性质的企业；另一种是政府对自然垄断企业进行一定程度的干预，即进行管制。政府限制一定行业中的主体的资格和数目，对申请进入某个自然垄断行业的厂商进行资格审查，发放许可证。一方面，由于自然垄断行业具有规模经济的特点，由少数几家垄断企业经营，成本最小，过度的竞争带来效率损失。另一方面，自然垄断行业的沉淀成本比重大，过度竞争会破坏生产力，所以政府要对企业进入自然垄断行业进行管制，通过准入竞争选择并赋予少数几家或一家企业垄断特权。

二、污水处理市场准入的必要性

1. 城市污水处理设施是市政公用基础设施，与人民生活息息相关，在社会经济发展中具有重要作用。它不是一般的竞争性企业，具有公益性、规模经济性和自然垄断性的特征，由谁经营，事关国计民生。

2. 在国有企业垄断经营下，生产成本是由纳税人最终承担，由于这些企业独家掌握着内在信息，使他们能够让政府相信他们确定的产出水平社会收益较高，从而实现其预算规模最大化的产出。其次，国有企业缺少成本最小化的动力，缺乏内在的成本监督机制，使他们可以通过成本的无限膨胀获取利润，造成价格过高使需求不足，生产难以达到规模经济要求，亏损加重。再次，垄断生产导致机构规模扩张，导致财政支出规模不断扩大的同时，效率不断下降，设施投入中的效率损失巨大，资源配置无法达到帕累托最优。

3. 实践表明，引入竞争机制，适当开放市场，消费者反而能得到质优价廉和安全稳定的产品和服务。在竞争性的外在市场条件下，通过竞争各企业都只能获得一个合理的成本补偿，不同企业之间的相互竞争，有利于企业不断发展新的生产技术和管理手段以保持自己的竞争优势，从而最大限度地提高生产效率。但是由于污水处理厂具有的公益性、规模经济性和自然垄断性特征，不可能成为完全竞争的市场，过度竞争必然导致低效率，破坏社会生产力。因此建立适当的市场准入制度，在市场机制下，通过市场充分竞争选择特许经营者，一定程度上可以促进市场主体之间的整和与优胜劣汰，节约社会资源。同时也可以避免由于过度竞争所带来的规模不经济和效率损失。

三、污水处理市场准入管理内容

城市污水处理特许经营准入管理内容包括：明确规定市场准入的资质条件和等级标准，建立资质等级审查评定制度，并限定不同资质等级的投资商和运营商的市场准入范围；确立规范的市场准入与退出规则，污水处理市场的准入规则包括对投资者的投资实力、技术水平、管理机制、管理人才的明确规定、投资者的选择模式、选择程序、评价方法以及特许经营协议的监管；退出规则分为强制退出和自愿退出，强制退出时，对不能实现政府监管最低要求的投资者实行惩罚性处理措施，自愿退出时对经营不善或其他原因不愿经营的投资者，予以解除合同。

四、城市污水处理市场准入管理的意义

市场准入制度的合理与否对污水处理厂发展具有重要的影响。污水处理市场准入监管的根本目的是以市场经济为基础，注重市场主体行为的监管，积极培育和规范市场主体，努力创造公开、公平、公正的竞争环境，积极鼓励各类资源参与经济活动，从而有利于激励经营者发挥自身优势，达到合理的利润回报，促进污水处理市场的发展，提高经济效率，保护社会公共利益。其主要意义：

1. 能够建立规范合理的市场准入规则

准入制度的严格程度直接影响着市场主体进入市场的成本和难易程度，影响着市场秩序和交易安全，影响着经济效率和活跃程度。如果进入门槛过高，就会造成参与竞争的投资者不足，竞争不够充分，无法达到提高效率、降低成本的目的；相反如果门槛过低，大量的投资者就

会鱼贯而入,投资者鱼龙混杂,形成激烈的恶性竞争,扰乱污水处理市场秩序,造成社会资源的浪费,同时更加大政府的选择难度。因此,通过准入管理明确准入资格,建立规范的选择方式和程序,确定合理规范的进入和退出机制,有利于政府从众多的投资人中选择最合适的投资商,也有利于形成充分有效的竞争机制,促进经营者发挥自身优势,达到合理的利润回报,提高经济效率,保证公众利益。

2. 有利于形成合理的价格竞争机制

特许经营价格是在竞争中形成的,竞争最终的焦点是向政府收取的污水处理服务费。特许经营方式投资的污水处理厂,最终收费价格包括:投资回收、运营成本和投资收益三部分,而投资回收、运营成本又受到处理规模、工艺选择、排放标准等诸多因素制约。因此,价格的高低受到不同因素制约,竞争的充分性对特许经营的价格有着重要影响,充分有效的竞争能够促使合理的价格形成,相反过分的恶性竞争或者是竞争不够充分都会导致无效的竞争,导致价格的扭曲。要么价格过高,加重居民的负担,要么明显无法收回投资,无法支持正常运营,最终受害的还是居民。因此,通过准入监管,能够形成进入者与潜在进入者、不同的潜在进入者之间有效的充分竞争,从而促使合理的价格竞争机制的形成。

3. 有利于特许经营的顺利实施和最终成功

准入管理中最为关键的是对特许权协议的监管,它包含了政府与投资商之间所有的涉及到项目的内容,双方的权利和义务的约定,价格的确定,执行的具体方式等等。可以说它是未来项目成功与否的关键。污水处理特许经营期长(一般都在 20 年以上),其间双方各自的权利和义务是通过特许权协议明确界定的,因此,加强对协议的监管,合理的界定各自的权利和义务,形成规范的合同文本对于特许经营的顺利实施和最终成功具有重要保障作用。

第二节　城市污水处理特许经营准入机制

一、污水处理投资者准入资格确定

投资人的准入资格的确定是为了保证污水处理厂的投资人能够拥有与承担特许权规定职责相适应的能力,包括污水处理技术能力、运营管理能力和财务能力等。防止不具备这些能力的投资人参与竞争,形成恶性竞争,加大政府的选择难度,因此,政府在选择污水处理厂投资人时,应对污水处理厂投资人的资格有所规定,打破所有制和地域界限,营造公平的充分竞争的环境。既要保证具备相应能力的投资人才能参与竞争,同时又要确保有足够的满足条件的投资人参与竞争,以便形成充分有效的竞争环境。污水处理厂投资人的准入资格一般应包括:

1. 具有投资或经营类似污水处理厂的经验。

2. 投资人及主要管理人员具有与特许经营相关的污水处理技术和运营管理能力,或与具有污水处理技术和运营管理能力的机构已达成初步协议。

3. 具有与污水处理厂特许经营相应的财务实力。

4. 符合国家目前关于市政公用行业资质管理的一般规定,如果是外商投资,污水处理厂投资人还应符合国家关于外商投资产业目录的规定。

二、建立污水处理运营资质许可制度

资质许可是指从事环境污染治理设施运营的单位，必须按照《环境污染治理设施运营资质许可管理办法》的规定，申请获得环境污染治理设施运营资质证书，并按照资质证书的规定从事环境污染治理设施运营活动。没有获得资质证书的单位不得从事设施运营活动。为了提高环境污染治理设施运营管理水平，规范环境污染治理设施运营市场秩序，根据《国务院对确需保留的行政审批项目设定行政许可的决定》的规定，对环境污染治理设施运营活动实行运营资质许可制度。

设施运营资质证书按照运营业务范围和污染物处理处置的规模分为《甲级环境污染治理设施运营资质证书》、《乙级环境污染治理设施运营资质证书》，甲、乙级资质证书各分为正式证书和临时性证书两种。运营资质分级分类标准由国家环境保护总局制定。资质证书由国家环境保护总局按照环境污染治理设施运营资质分级分类标准统一编号、印制。分为生活污水、工业废水、生活垃圾、工业废气、工业固体废物、等专业类别。甲、乙级资质证书有效期为 3 年，临时甲级资质证书和临时乙级资质证书有效期为 1 年。资质证书申请条件：

(1)具有独立企业法人资格或者企业化管理事业单位法人资格。

(2)具有维护设施正常运转的专职运营人员；申请甲级资质的单位应具备不少于 10 名具有专业技术职称的技术人员，其中高级职称不少于 5 名；申请乙级资质的单位应具备不少于 6 名具备专业技术职称的技术人员，其中高级职称不少于 3 名。设施运营现场管理和操作人员应取得污染治理设施运营岗位培训证书。

(3)具有 1 年以上连续从事环境污染治理设施运营的实践，并且运营的污染处理设施排放污染物稳定达到国家和地方的环境标准。

(4)具备与运营活动相适应的环境污染治理设施运营资质证书分级分类标准规定的其他条件。

三、特许经营准入方式

1. 特许经营权竞标理论与实践

特许经营权竞标是由德姆塞茨引入政府管制研究领域的，他提出以特许经营权竞标方式代替管制，强调在政府治理垄断问题中引入竞争机制，通过招标形式，让多家企业竞争在某产业或业务领域中的特许经营权，在一定的质量要求下，由报价最低的企业取得特许经营权。因此，特许经营权的授予是通过竞争性招标方式，招标采取对服务提出收取价格的形式，提出最低标价的潜在进入厂商(企业)获得特许经营权，特许经营权是对愿意以最低价格提供产品或服务的企业的一种奖励。如果在竞标阶段有充分的竞争，那么价格将压至等于平均成本，中标者可以获得正常利润。政府的角色是充当拍卖者而不是管制者。

特许经营权竞标是适应政府管制改革而引入的治理自然垄断问题的政府政策。由于政府对自然垄断产业的直接管制经常出现低效甚至无效的情况，围绕政府管制的低效率问题，经济学家开始寻求政府管制的替代方法，试图在政府管制中引入竞争机制。特许经营权竞标就是将特许经营权授予提出以最低价格提供服务并同时满足一定服务质量标准的厂商，这一方法是在竞标阶段以竞争代替管制。

特许经营权竞标是一种很有吸引力的政府治理自然垄断问题的政策选择，它不仅通过投标者的竞争提高了效率，而且减轻了管制者的负担。企业对特许经营权的竞争消除了政府管制所难以解决的企业对信息的垄断，是竞争决定价格而不是管制者决定价格。在实践中，这种借助竞争而不是管制的政府政策在一些自然垄断领域的运用取得很成功的实际效果。20 世纪 80 年代以来，英国地方政府在公用事业和自然垄断领域中采用特许经营权竞标后，在保持原来服务标准的同时，平均成本降低 20%左右，每年节省开支 13 亿英镑。美国在对有线电视实行特许经营权竞标后，从对马塞诸塞州特许经营权调查中得到的证据发现，建设计划和质量水平与被采纳的方案总体上是一致的，在 62 个特许经营者中，有 49 个降低了有线电视服务的价格。此外，有线经营者增加了对基本节目的花费，从 3 亿美元提高到超过 10 亿美元以上，有线电视节目的质量得到提高。

2. 特许经营权竞标的优势

(1)特许经营权竞标的核心是通过竞标阶段的生产前价格竞争使得价格和利润保持在竞争水平上，只要在竞标阶段存在充分的竞争，特许经营权竞标就会导致平均成本定价和最有效率的企业(厂商)运营。

(2)特许经营权竞标无需政府像传统管制方式下为达到平均成本定价而必须拥有相关的成本和需求信息必须具备相关的信息。因为竞标结果是通过竞争而非由监管机构的决定形成的，只要竞标是在最有效率的平均成本或价格范围内充分竞争，就会使经营权给予最有效率的企业，因此有节约管制成本、提高管制效率和效果的作用。并且特许权竞标具有发掘信息的功能，如竞标要价易于发现成本信息，特别是中标价将成为日后对中标企业的经营进行必要监管的指导性信息。

(3)特许经营权竞标可以避免收益率管制的无效率。采取特许经营权竞标，有优化投资的功能，特许准入制度保障了中标企业独立经营的特权，降低了经营期企业利润被瓜分的风险，因此一定程度上有吸引投资的作用；但由于中标价格的限制，中标企业在中标价格的约束下，有通过控制成本、提高效率获得超额利润的动机，利润更接近或等于正常利润而不是显著的超额利润，因此不会引起过渡投资。

(4)中标企业在经营期有自主经营的灵活性，有助于激励自然垄断产业提高效率，持续、快速发展。由于特许经营权通常设有规定的年限，在潜在竞争压力下，获得特许经营权的企业为防止在下一经营期限中丧失经营权，只能不断地降低成本，改善质量，提高效率。因此，特许经营权竞标提高了垄断性市场的可竞争性，通过投标者的竞争提高了效率。

(5)从源头上控制自然垄断产业的垄断势力，有助于减少过程监管，因此有进一步降低管制成本、提高监管工作效率的作用。

3. 特许经营权竞标的缺陷

(1)存在投标企业之间妥协、合谋的可能性,参与投标的企业越少,这种可能性越大。这样投标过程也就无法保证有效竞争,特别是在规模经济和范围经济较为显著,投资周期较长,投资规模较大的产业。

(2)价格调整难度大,中标价格受多种因素影响而变化,如不对其进行周期性修正,将导致对企业的激励约束不足或过量,因此有必要调整中标价格,如何合理确定调整期和调整水平具有很大的难度。

(3)由于中标企业大量沉没成本的形成使新旧企业置换难度更大。如果特许经营企业在竞争新一轮的特许经营权时失败,其资产届时又不能全部折旧,那就产生了如何处置原有经营企业的资产问题,即便其资产可以转让给新进入企业,因受技术差距和资产专用性的限制,不可避免地会造成资产的损失。

(4)在企业通过竞争获得特许经营权之后,受生产技术的复杂性、市场需求的多重性、未来的不确定性等诸多因素的限制,政府与企业签订的特许经营合同的内容显然是不完备的,从而会导致逆向选择与道德风险问题。

4. 有效的特许经营权竞标

威廉姆森认为,特许经营权竞标的缺陷表明,要使特许经营权竞标在治理自然垄断问题上发挥积极作用,政府必须在竞标过程中充当更重要的角色:确保竞标阶段的有效竞争;规定质量和监控特许经营权所有者的绩效;能以公正、有效的方式实施强制性的资产转移;能够提供特许经营权所有者忠于当前合同的激励;能够在合同期内惩罚特许经营权所有者的机会主义行为。成功的特许经营权竞标依赖于多方面因素:包括竞价方式的设计是否合理;能否保证获得经营权的厂商确实是最有效率(即提供成本或价格最低)的厂商);竞争是否充分(即竞标者的数量是否足够);评价标准和选择方法是否有效,即能否保证中标厂商确实获得正常利润而非超额利润等。

四、污水处理特许经营招标程序

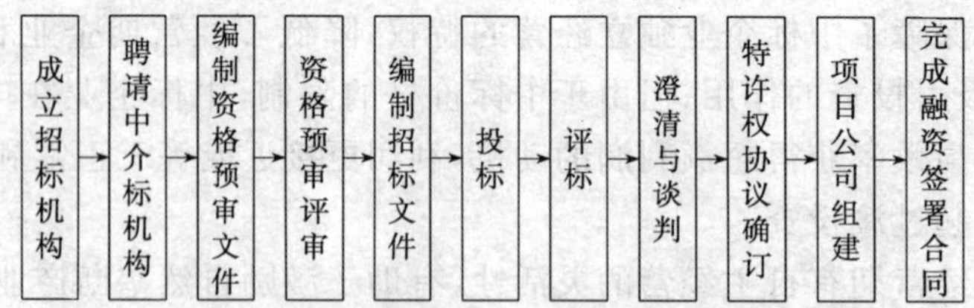

图 4-1　污水处理项目特许经营竞争性招标的程序

污水处理特许经营项目一般经过以下几个阶段:从最初的项目确定到招标、投标、开标、评标和决标、开发、建设、运营直至项目的最终移交。污水处理项目特许经营招标实质是政府以污水处理设施一定期限内的经营权为标的,通过社会投资主体的投标竞标来选择经营权受让方的过程。污水处理项目特许经营招标可采用竞争性招标和有限招标方式。其中,竞争性招标是世界各国普遍采用的一种方式，它主要包括编制资格预审文件、资格预审评审、编制招标文件、投标、评标、澄清与谈判、特许权协议的确定、组建项目公司、完成融资并签署一系列合同等，如图 4-1 所示。

五、特许权竞标方式

根据建设部颁布的《城市公用事业特许经营管理办法》（2004 年 5 月）的规定，我国城市污水处理特许权招标的方式一般通过直接委托、拍卖或招标等三种方式。

传统政府垄断经营下的污水处理厂就是一种政府直接委托授予特许权的经营模式，只是经营者是政府机构或下属事业单位。而对特许经营者的选择直接委托方式主要是针对原有的国有污水处理企业经过改制以后形成的股份制企业或国有独资公司。对原有污水处理企业以产权制度改革为核心，建立"产权明晰、权责明确、政企分开、管理科学"为目标的现代企业制度，完善法人治理结构，强化资本运营，使企业真正成为自主经营、自负盈亏、自我约束、自我发展的市场主体和法人实体。进行企业改制，建立现代企业制度以后，政府将污水处理特许经营权直接委托授予改制后的污水处理股份制企业或国有独资公司。

拍卖起源于西方，它是通过一系列明确的规则和卖者竞价所决定的价格来决定资源配置的一种市场机制，即在确定的时间地点，通过一定的组织机构，以公开竞价的形式，将特定物品或财产权利转让给最高（或最低）应价者的买卖方式。R. PMcAfee 于 1987 年给拍卖下的定义：拍卖是一种市场机制，在市场参与者标价的基础上具有决定资源配置和资源价格的明确规则。按照拍卖过程的特征把拍卖分为公开式拍卖和密封拍卖两种。基本的拍卖方式只有四种：英国式拍卖、荷兰式拍卖、封标第一价格拍卖和封标第二价格拍卖。前两种方式都属于公开拍卖，后两种属于密封拍卖。在我国，通常所指的招投标就是一种密封拍卖，习惯上往往把销售商品的行为叫拍卖，把为了发包、完成一项工程或提供一项服务的行为叫做招标。两者相比，在商品拍卖中，人们对"已经存在的"拍卖品的了解是比较完全的，而在工程或服务招标中，人们对"未来完成的工程"和"未来提供的服务"的信息是不完全的，因此商品的拍卖总是"价高者得"，但工程和服务招标，除了比较价格之外还要考虑实施承诺、企业信誉等其他因素，而不能只强调价格。

1. 直接委托方式

在传统的政府直接规制体制下，垄断运营商的污水处理厂特许权是通过政府的行政审批来获得的，也就是政府委托授予方式。在这种授予方式下，经营企业是污水处理厂的唯一经营者，由于经营者不存在竞争的压力，企业往往不愿努力提高内部效率。

根据西方市场结构理论明，某一产业内企业数量越少，市场垄断力量就越大。垄断企业在不存在市场竞争机制约束的状况下，就会放松内部管理和技术创新，从而导致生产和经营低效率。这些企业不会自觉按照边际成本或平均成本制定价格，而往往会制定垄断高价，从而导致社会资源分配的低效率。在垄断的"市场"，由于经营企业缺乏竞争的压力，它没有必要追求成本极小化。这时的垄断企业经营者身上没有压力存在。因此，企业浪费现象就与日俱增，最后致使企业成本负担过重。在这种情况下就很可能使生产的平均成本高于最低可能成本，如图 4-2 所示。如果企业运用资源效率较高，在产出为 Q_2 时，平均成本应为 AC_2，但是，由于缺乏竞争，产出为 Q_2 时，实际平均成本则为AC_2'。同样，当产出水平为 Q_1 时，平均成本可低到 AC_1，但垄断厂商的平均成本可能是AC_1'。低效率产生的企业成本负担就反映在 A' 与 A 点、B' 与 B 点的差距上。这个差距主要表现在生产费用的浪费方面。生产费用方面的浪费包括资源（生产要素）购买过程中的大量额外的交易费用，生产过程中各个环节上的低效率，管理费用方面的浪费等。

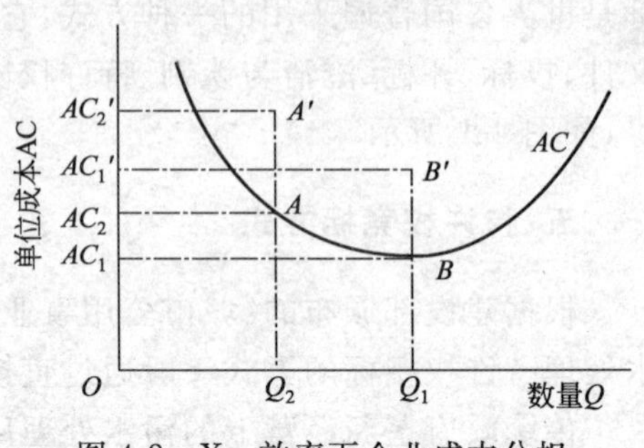

图 4-2 X—效率下企业成本分担

采用委托方式将特许权授给改制以后的股份制企业或国有独资公司，尽管产权明晰，委托人拥有企业的最终所有权，拥有较强的产权激励和约束机制。能够对企业的各种行为进行有效的监督和激励，但是由于经营者垄断经营，缺少外部竞争的压力，他们独家掌握着内在的信息，生产成本由纳税人最终承担，使他们能够让政府相信他们确定的产出水平社会收益较高，从而实现其预算规模最大化的产出。因此，无论是直接委托国有企业经营还是私有企业经营，最终都无法摆脱由于垄断经营带来的低效率。直接委托带来的结果是：经营者的经营服务质量不高，效率低下，消费者几乎没有选择的余地。直接委托在市场准入这一环节缺乏市场竞争，不利于培育和规范污水处理市场；尤其是不利于在更大范围内融资，不利于吸收和利用民间资本和国外资金；由于企业法人主体与投资主体的不一致，还可能会带来经营过程中的企业经营者的道德风险。

2. 招标方式

根据竞争理论，在完全竞争条件下，由于竞争压力的存在，大量生产机构面对竞争的压力，它可以使企业产生接近于成本极小化的结果。各企业都只能获得一个合理的成本补偿，其超额利润为零，从而最大限度地提高生产经营的效率。而且，不同类型企业之间的相互竞争，有利于企业不断发展新的生产技术和管理手段以保持自己的竞争优势，从而推动生产经营效率得以不断提高。但是，由于污水处理厂的自然垄断特征也决定了企业经营的垄断性，企业间的竞争只能是有限的市场竞争。基于市场竞争的特许权招标，是引入竞争机制缓解或消除委托授予弊端的重要手段。通过竞争性的招标机制，众多具有经营意向的企业直接参与竞标，在招标过程中，众多竞标企业的竞相出价将不断耗散企业的垄断租金，最后只有经营成本最低的企业才能获胜而被授予特许权。只要竞标人数足够多，竞争强度足够大，获胜企业就无法保留超额利润。另外，在经营期间内，该企业还必须不断地提高经营绩效，因为经营期满后特许权还需重新招标。如果它的经营稍有懈怠，下一期就有可能被更优秀的企业所取代。由此可见，竞争性招标能有效地抑制企业的垄断力量，增强竞争压力，减少政府的干预成本，实现更高的经营效率和福利水平。

招标的最大特点就是信息的非对称性，招标方不完全知道潜在投标者愿意出的真实价格，这种信息通常只有潜在投标者自己知道，价格既不是由招标方说了算，也不是由招标方和投标者讨价还价来确定，而是在投标的竞价过程中形成的，每一个潜在的投标者也不知道其他投标者的可能的愿意出的价。招标的竞价过程可以帮助卖方收集这些信息，从而把特许权授给愿意付最高价的投标者，这不仅达到了资源的有效配置，也为招标方获得了最高收益。根据招标范围的不同，又分为公开招标和邀请招标。

(1)公开招标

就是招标人以招标公告的方式邀请不特定的法人或者其他组织投标。公开招标目的在于使所有符合条件的潜在投标人可以有相对平等的机会参加投标，便于招标人从广泛的投标中选择优秀的竞标者确定中标者。其特点是招标人的招标公告针对的对象是不特定的，没有数量限制，所有对招标项目感兴趣的法人或其他组织都可以参加投标，因而具有广泛的竞争性。同时，由于以公告方式提高了招标活动的透明度，实际上使社会公众可以了解招标内容和要求，从而保证招标的公开性，有利于减少和限制招标过程中可能出现的违规操作和不正当交易行为。

(2)邀请招标

招标人以投标邀请书的方式邀请特定的法人或其他组织投标。邀请招标方式针对的对象是特定的、有限的，招标过程并不公开，因此其竞争性比公开招标的方式要差，而且招标过程中还容易出现违规操作以及不正当交易行为。

《招标投标法》对于邀请招标方式的适用范围和条件有所限制：仅限于国务院发展计划部门确定的国家重点项目和省、自治区、直辖市人民政府确定的地方重点项目不适合公开招标的。污水处理设施属于省、自治区、直辖市的地方建设项目，对于本地区经济和社会发展有重大影响，如果由于项目本身特点或某些特殊情况，如技术要求复杂或特殊专业要求，设计知识产权保护，投资规模小，时间要求紧迫，实际可供选择的投标人数量有限等，经国务院发展计划部门或省、自治区、直泻市人民政府批准，可以采取邀请招标。但是采用邀请招标方式，要求应向三个以上具备承担招标项目的能力、资信良好的特定法人或其他组织发出投标邀请书，以保证某种程度的竞争性。

3. 竞争性谈判方式

污水处理项目特许经营竞争性谈判，是指不经过招标而直接与两个或两个以上意向投资者或经营者进行接触、谈判，在达成一致后签订协议确定污水处理厂特许经营者的方式。这种方式由于直接与潜在投资人(或经营者)谈判接触，减少了中间复杂的招标程序，因此运作简单，大大缩短时间，向对招标来说可以节约一部分运作成本。但是由于参与竞标的单位不多，无法保证充分有效的竞争，可能导致竞标结果的低效率，达不到特许权竞标的目的。

4. 特许权竞标方式的选择

选择一项科学和妥善的采购程序对于成功地实施一个特许经营项目是至关重要的。特许经营项目的采购程序受到很多因素影响，其中包括关于工程采购的现行法律制度，国际上承认的公共采购规则，商业环境，总体基础设施政策以及特定特许经营项目的性质。国际上一般采用的都是公开招标制度，也有个别国家允许谈判采购制度。目前，在我国有关部门发布的关于特许经营项目的规章中只承认公开招标采购制度。特许经营项目的招标过程，必须要符合特许经营项目自身特点的需要。确定特许经营项目招标方式时最重要的原则就是，要保证这个项目符合国家的发展计划，并尽可能快和经济地得到授权、批准和建设。要做到这一点，除其他条件外，还要有一个合理的招标制度。因此，特许权竞标方式的选择必须符合以下基本原则：

(1)确保招标程序的公开、公平、公正。采用一种有条不紊的公开、公平、公正的招标程序，对于吸引境外特许经营发起人是至关重要的，对抑制滥用权力也是必不可少的。只有当发起人确信特许经营项目的招标程序是众所周知时，才有可能参加漫长而昂贵的项目开发和投标过程。否则，如果没有公开、公平和公正的采购程序，投标人无法控制自己的命运，他们肯定也不愿意参加投标。

(2)促进有效竞争。特许经营招标程序的一个基本目标是鼓励竞争，以便提高私营部门的效率。有些国家的现行采购立法排斥外国公司参与公共项目，或者通过优惠性标准来照顾本国承包商，这种做法不适于特许经营项目。从广义上说，对公共基础设施项目采用鼓励竞争的采购方法有助于增强一个国家经济的市场导向，用优惠政策保护落后不是特许经营项目的目的。在基础设施建设招标过程中，向社会公布项目，让公众知道有关招标的法律、法规，尽量减少对参与采购程序的限制，提供详细的招标文件，让各方面事先了解客观的不带歧视的评标标准等，都是鼓励竞争的做法。

(3)鼓励私营部门的创新和替代性解决办法。采用特许经营方式的一个基本理由，是要利用私营部门的创新能力及其在设计、技术管理和融资方面的创造力。因此，采购方法应当提供灵活的、以鼓励私营部门提出替代性的和创新的解决办法。这个过程应当鼓励提出建议，改进技术规格和施工方法，提出技术革新以及可能降低成本、加快施工进度或讲求效益的其他建议。政府必须注意保护从私营部门获得的创新和构思中的知识产权，合格的投标人如果看到他们的经营思想和创新被抄袭，就不会继续参与对特许经营项目的竞争。

(4)向投资者、贷款人、供应商和其他各方提供保证，一个特许经营项目是否能筹措到资金，在很大程度上要受到投资者和贷款人对政府所运用采购方法的影响。对于贷款人来讲，公开招标程序最有可能产生成本小和效益高的项目，滥用职权和违约的风险也最小。

(5)增强公众对私营部门投资公共基础设施项目的信任。公开、公平和公正的招标过程，将有助于增强公众对私营部门投资公共基础设施项目的信任。由于特许经营项目涉及到巨额款项，而且往往与公众利益有冲突，因此特许经营基础设施项目一般都具有较大的社会影响，依照法律规定，并根据事先公布的评标标准的采购做法，既有助于私营部门的利润，也会增强公众的信任。

(6)加快项目的进度。如果采购过程旷日持久，在缔约时间方面又有相当大的不确定性，那么建设项目将难以得到可靠的投标文件，也难以从贷款人、承包商和供应商方面获得可靠的承诺。最好的解决办法是要有一个明确界定的时间表，并为整个招标过程的各个主要阶段规定具的完成日期。

(7)尽量降低项目开发费用。特许经营项目的投标和谈判费用一般都很高。高开发费用和长开发周期已经使一些特许经营项目不能继续进行下去，或限制了投标的人数，从而减少了竞争以及政府希望从私营部门中得到的效益。造成开发费用高和采购过程时间长的一个主要原因是缺乏适当的、简便的特许经营采购程序，包括缺乏标准合同和其他标准文件。而公开招标则是提高效率和促进竞争的重要保证。实际上，特许经营项目公开招标程序在目前得到普遍接受，其主要原因就在于其成功地推动了竞争，提高了经济和社会效益。

由于污水处理设施的特殊性，政府在选择特许经营者时，一般应首先采取公开招标的形式，在具体操作时可参照招标投标法和政府采购法的相关规定。在暂时不具备实施公开招标方式的情况下，政府也可酌情考虑邀请招标方式和竞争性谈判方式等。在采用非公开招标的方式时，政府应采取必要的措施避免因竞争不足带来的弊端，应禁止通过一对一的谈判形式选择特许权取得人，加强对授予特许权取得人活动的组织和领导，强调操作的规范化、透明化和责任原则；重视专业性中介机构的作用和参与，以求在缺乏竞争的情况下最大限度地保护政府或社会公众的利益。

第三节 城市污水处理特许经营招标的竞价机制

一、城市污水处理项目特许经营招标特点

1. 特定的招投标主体

与一般工程建设项目招标不同，污水处理项目特许经营招标的发包人通常由政府委派的专门机构担任，并且经过招投标环节确定的中标人不是具体的某一施工或者设计单位，而是一个项目投资者，由其再组建项目公司。投标人必须具备相当的经济和管理实力，特别是污水处理项目的投资方，一般应由设计、施工、监理咨询和合作机构联合组成。招投标双方除遵循一般建设项目的权利和义务外，投资人组建的项目公司将获得政府部门提供担保的污水处理项目的建设和经营权；政府必须相应承担完成土地的征用，根据合同规定的规划区域内征用土地，对工程进行必要的管理和监督的义务。

2. 特许经营招标属于前置性竞争

城市污水处理特许经营项目的招标是特许经营者获得进入某个区域性服务市场进行投资、运营服务的权利和资格的过程，是政府用来遴选合格的、有实力的特许经营者的程序性手段。与其他一般竞争性行业不同，城市污水处理项目由于具有自然垄断属性，从经济性等角度考虑，在同一服务区域内只能有一家服务商，而且一旦该服务商进入市场后，消费者实际上很难再选择其他服务商。因此，在一般竞争行业有效的事后竞争(即生产商或服务商生产出产品或提供服务后，通过在市场上的竞争赢得消费者/用户)无法在城市污水处理行业发挥作用。所以城市污水处理特许经营招标，只能将事后竞争改为事前竞争，经营者通过竞争的方式获得

进入市场服务的资格和机会。

3. 招标程序复杂

城市污水处理项目特许经营招标一般包括编制资格预审文件、资格预审评审、编制招标文件、投标、评标、澄清与谈判、特许权协议的确定、组建项目公司、完成融资并签署一系列合同等。传统工程项目的招标一般需考虑投标人参与的广泛性和竞争性，而对于污水处理特许经营项目招标，投标人的数量不是主要的，确保数量有限的投标人的质量更为重要。由于污水处理特许经营项目通常需要投标人提出一揽子投融资、设计、施工和运营的计划和安排，投标人必定会投入较高的成本来编制投标文件，所以招标前一般需要进行资格预审，以降低投标人的费用和减少评标工作量。

传统项目的招标在评标结束后经有关部门批准后即可授予合同，不需要与投标人进行财务和技术谈判；而污水处理特许经营项目在投标文件评审阶段就需要与投标人进行财务、技术安排等方面的谈判，在授予和签署项目协议书前与选定的投标人进行最后的谈判，这是由于污水处理特许经营项目的招标文件非常笼统，在投标时鼓励投标人提出替代解决办法和创新建议，有些问题在编制和评价投标文件过程中还没能得到澄清，贷款人和其他有关投标人可能不愿意在选定标准之前做出承诺，需要在评审时通过谈判确定最佳的技术和财务方案。

4. 合同涉及的内容广泛

传统工程建设项目招标甲乙双方签订和执行合同只涉及到设计实施或者施工管理，而污水处理特许经营招标所签订的特许经营合同则是涉及到甲乙双方长期专业化合作的协议。合同实施涉及到项目公司组建、完成融资、项目施工、监理、项目投入使用后维护、运营质量管理、收费管理以及合同期满顺利完成移交等具体环节。因此，污水处理特许经营合同内容广泛、全面而复杂。

5. 对评标要求很高

实施特许经营招标的城市污水处理项目，不同于一般施工、设计评标，仅仅涉及某一方面的专业。污水处理特许经营招标涉及技术、经济、管理、金融、财务、法律等多个专业知识，在评价与比较投标文件时评价因素也要比传统招标项目的评价因素更全面，不仅要考虑投标价格或与项目密切相关的其他标准的组合，而且还要对于投标人的一揽子财务安排、技术方案的吸引力、投标人的实力和融资能力和建设、运营级别与能力等进行评价。由于污水处理项目特许经营招标评价因素多，缺乏一个完全统一的标准或规格，对评标要求较高，需要熟悉污水处理特许经营项目运作的各类专业综合人才，组建综合专业化的专家评审队伍，这是保证评审工作顺利开展的前提。同时，需要有科学合理的评标方法，既能够全面反映各种评价因素，有效综合各评标专家的意见，并且实施和操作方便可行。

二、城市污水处理项目特许经营招标要达到的目标

1. 缓解城市污水处理项目资金短缺的矛盾

随着我国城市化进程的加快，促使污水处理等城市基础设施的加快发展，传统的污水处理

投融资模式已很难支撑未来大规模的污水处理设施建设和发展，较大的资金缺口必须通过市场融资的方式加以解决，通过特许经营招标来选择污水处理项目的投资(经营)者，利用市场机制吸收社会资金和外资参与到污水处理设施建设中来，可以有效缓解政府资金短缺的矛盾，同时可以引进竞争机制，打破国家垄断经营的局面，深化城市污水处理投融资体制改革。

2. 提高污水处理项目运营效率

一直以来，国家垄断经营的城市污水处理设施因其效率低下而广受批评。尽管公营企业与私人企业都可能存在委托代理关系产生的低效率问题，但由于公营企业的委托人——政府机构本身就是代理人的双重委托代理关系，存在的效率损失与道德风险问题更为严重。通过特许经营招标，引入竞争机制。在市场竞争的情况下，通过引进先进的技术和管理经验，可以提高企业运营效率，降低运营成本，因而降低用户收费。因此，通过进行污水处理设施特许经营招标，可以提高基础设施服务的效率。

3. 实现污水处理企业良性发展机制

通过政府特许经营授权，允许投资人在规定的特许期内根据"谁污染，谁付费"的原则，通过向排污者收取污水处理服务费，确保投资人获取收益。促进污水处理费的征收，实现污水处理产业化化发展，走上自我发展、自负盈亏的良性发展机制。

4. 保证社会公益性目标的实现

在满足投融资要求和提高服务效率的同时，城市污水处理项目特许经营招标通过要求投资人做出社会公益性保证，并且保证在特许期满污水处理设施移交时仍能保持在一个合理的水平，通过运营效率的提高不断降低污水处理成本，实现社会福利的最大化，保证社会公益性目标的实现。

三、城市污水处理项目特许经营招标竞价方法

1. 污水处理服务费竞价

污水处理费竞价就是把污水处理厂的投资或评估资产作为固定费用，参加竞标的投标人只对污水处理费竞价。特许机构代表消费者或政府招标污水处理厂的特许权，在特许期限内，对每个参加竞标者来说，污水处理量是固定的，不随经营者的服务费率(Service-rate)的高低而变化，特许机构的决策目标是实现消费者福利最大化，规定参加竞标的企业需按污水处理费出价(Bidding)，出价最低投标者有可能获得特许权，按其出价向消费者提供一定特许期限内的污水处理服务。

假设有 n 家企业参与竞标，让 c_i 表示第 i 个竞标者对经营污水处理厂平均成本的估计，可以先作如下假定：

(1)特许权的价值取决于企业的经营成本，企业的经营成本越低，私有价值(Private-value)越大。对竞标者 i 来说，只有他自己知道 c_i 的大小，招标人或特许机构及其他竞标者都不知道 c_i。但是他们可以知道 $c_i \in [\underline{c}, \bar{c}]$，其中$\underline{c}$，$\bar{c}$ 分别为最低和最高可能的经营成本，且服从于连续概率分布函数 $F_i(c_i)$和密度函数 $f_i(c_i)$。

(2)每个竞标者对平均成本的估计 c_i 具有独立性，即随机变量 $c_1,c_2,\cdots,c_n$ 是独立的(或不相关的)，独立性意味着，每位竞标者的成本估计不受其他竞标者成本估计的影响。即使第 i 个人知道第 j 个投标者的成本估计为 $Cj\ (j\neq i)$ 也不会改变自己对成本的估计。并且 $c_1,c_2,\cdots,c_n$ 的联合分布函数为：$F(c_1,c_2,\cdots,c_n)=F(c_1)\cdot F(c_2)L\quad F(c_n)$。

(3)每个竞标者对平均成本的估计 c_i 的概率分布函数 $F_i(c_i)$ 具有对称性，即这些概率分布函数完全相同，对所有 $i,j=1,2,\cdots,n$ 和所有 $c\in[\underline{c},\bar{c}]$，$F_i(c)=F_j(c)=F(c)$。

(4)风险中性，即每个竞标者的目标是最大化他的平均(或期望)收益。

(5)非合作行为，所有竞标者独立决定自己的竞价策略，不存在他们之间的合谋(Collusion)。

所有这些假定中的描述知识，对各方均属共同知识(Common-knowledge)，比如说，第 i 个人也知道其他人猜测 Ci 是分布在区间$[\underline{c},\bar{c}]$上的随机变量，并服从概率分布 $F_i(C_i)$等等，对这种环境的描述称为对称的独立私有价值模型。

在共同的招标机制下，每个竞标者的出价遵循一个连续、单调增加的出价函数 $P(c_i)$ 且满足 $P(\bar{c})=\bar{c}$，当竞标者 i 出价为 p_i 时，只有其他所有竞标者的出价都满足 $P(c_i)>p_i$ 他才能够获胜出，这一胜出的概率是$[1-F(P^{-1}(p_i))]^{n-1}$，于是他的预期利润是：

$$\pi_i=(p_i-c_i)[1-F(P^{-1}(P_i))]^{n-1} \tag{4-1}$$

令 π_i 的最大值为 π_i^*，由包络引理对 c_i 求导有：$\frac{\mathrm{d}\pi_i^*}{\mathrm{d}c_i}=-[1-F(P^{-1}(p_i))]^{n-1}$，由于每个竞标者具有相同的出价函数和分布函数，故处于纳什均衡时必有 $P(c_i)=p_i$，将它代入式(4-1)有：$\frac{\mathrm{d}\pi_i^*}{\mathrm{d}c_i}=-[1-F(c_i)]^{n-1}$，根据 $P(\bar{c})=\bar{c}$，得边界条件：$\pi(\bar{c})=0$，

再对上式求积分得：$\pi_i^*=\int_{c_i}^{\bar{c}}[1-F(\xi)]^{n-1}\mathrm{d}\xi$ 代入式(4-1)式得：

$$(c_i)\beta/0=c_i+\frac{\int_{c_i}^{\bar{c}}[1-F(\xi)]^{n-1}\mathrm{d}\xi}{[1-F(c_i)]^{n-1}}=\frac{\int_{c_i}^{\bar{c}}\xi\mathrm{d}[1-F(\xi)]^{n-1}}{[1-F(c_i)]^{n-1}}=E[c_{(2)}\mid c_i=c_{(1)}] \tag{4-2}$$

其中 $c_{(2)}$ 表示次低出价，式(4-2)表明竞标者的出价为其他所有竞标者的最低成本的条件期望，容易验证，$P(c_i)$是一个单调上升函数，这意味着竞标者的经营成本越低，其出价也越低。根据招标的规则，如果出价最低者赢得特许权，这会是私人价值最高的投标者，因此，第一价格招标实现了帕累托最优分配。需要注意的是，由于出价高出其实际平均成本一个差额：$\int_{c_i}^{\bar{c}}[1-F(\xi)]^{n-1}\mathrm{d}\xi/[1-F(c_i)]^{n-1}$，故获胜者仍能获得一定的超额利润，它是竞标者利用他与拍卖人之间的信息不对称所获得一定的信息租金，不过随着竞标人数的不断增加，由于$1-F(\xi)/1-F(c_i)<1$，这一信息租金将不断减少，竞标者的出价随着竞标人数的不断增加最终将趋于平均成本。竞标过程迫使费率不断下降，由此所增加的福利散失于广大消费者之中。如果政府关注整个社会福利的增加，那么这种竞标方法将获得较为理想的福利结果。

对政府特许机构来说，不仅关心特许权的归属，更重要的是关心如何通过招标机制的合理设计来实现尽可能多的社会福利，是否按污水处理费招标方式出售特许权，需要与传统的直接规制模式相比较，如果招标方式所获得的服务费率还高于原有体制下的服务费率，那么以污水处理费招标方式竞选特许商将毫无意义。为避免这种情况的发生，招标人可参照传统规制体制下的最优费率 P_0 事先确定一个保留费率 r，凡高出此水平的出价都属无效标。

特点：采用最低污水处理收费招标方法比其他的方法相对要复杂，同时，对评标工作的要求也更高，投资人的选择不仅需要考虑投资回报率的高低、特许经营期的长短，还需考虑投资人的融资能力和资金实力，以防止建设项目建设过程中资金断链，造成项目失败或者延误。此外，还要考虑到投资人的运营管理能力，以避免在经营权转让后出现管理不善、无法实现项目的运营管理目标，无法保证项目移交时的项目完好率等问题。因此，评标时需要考虑的因素更多，对评标人的要求也更高。

但是采用合理最低污水处理服务费价格招标符合污水处理特许经营招标的目的，由于污水处理项目的公益性，污水处理特许经营招标最核心目标是提高污水处理的运营效率，降低污水处理成本，实现社会福利的最大化。因此，污水处理价格必然是最核心的评价指标，对投标人建议的技术方案、融资方案、运营和财务方案、法律方案、人事组织方案等因素评价目的是为了检验投标人所报污水处理价格具体实现的可能性、可行性和可靠性，保证投标人真正具备从事污水处理的运营管理优秀能力。

2. 资产拍卖竞价法

就是在保持现有污水处理服务费率不变的情况下，在确定的时间地点，通过一定的组织机构，以 BOT 方式新建的污水处理厂的投资估算或涉及概算作为拍卖底价，或者是对准备 TOT 模式的原有污水处理厂的评估资产作为拍卖底价，由所有准备进入污水处理厂投资、建设、经营的企业或个人对污水处理厂的投资或评估资产进行公开竞价，最后以出价高者选择作为特许经营者授予特许权。

相对于污水处理价格招标来说，这种方式运作程序比较简单，在市场准入环节引入竞争，能够广泛的吸引和利用民间和国外资金，可以极大地解决政府建设资金短缺问题，缓解政府财政负担。不难看出，按照这种竞标规则，获胜者仍是运营成本最低的企业，因为运营成本越低，它能够支付的特许费用就越高。而且，只要招标过程存在充分的竞争，获胜企业也同样得不到垄断利润，它必须向特许机构支付全部的垄断利润 π^m。

$$\pi^m = [p^m - AC(Q^m)]^{Q^m} \tag{4-3}$$

资产拍卖方式的主要缺点：

(1)不利于选择优秀的特许经营者

特许经营成功的关键在于选择优秀的特许经营者，选出的特许经营者不仅有很强的资金和财务能力，更重要的是具有从事污水处理的先进技术和优越的运营管理能力。通过拍卖方式最终的选出特许经营者可能拥有雄厚的资金，具有很强的财务能力，但未必具有优秀的技术水平和先进的运营管理能力。尽管可以对参与竞价者进行财务、技术、管理、资质等做一些准入资格限制，确保有实力的竞价者参与竞价，但为了能够更广泛吸引社会资金参与竞价，准入资格不可能定得过高，在满足基本准入资格的情况下，竞标者只对资产或投资进行竞价，获胜者必然是出价最高者，因此，不能保证具有优秀的技术水平和优秀运营管理能力。

(2)偏离了特许经营的目标

污水处理厂投资包括建设投资和运营投资两部分，污水处理厂的特许经营不仅要解决建设投资不足、投资效率低下问题，更重要的是能够达到提高运营效率的目的。通过拍卖资产或投资方式选择出价最高的特许经营者，虽然能够有效解决政府污水处理厂建设投资不足、财政紧张的问题，但是这些竞价仅仅是对建设投资或现有资产的竞价，根本没有涉及到今后的污水处理运营投资和运营管理的内容，无法保证选出优秀的技术和运营管理能力的特许经营者，建设投资效率以及污水处理的运营效率和管理水平无法通过有效的竞争得到提高，与实施特许经营的目标相去甚远。

(3)最终给居民造成负担

城市污水处理厂作为重要的基础设施，存在自然垄断和排他属性，其产品不进入流通领域，不参与市场竞争，通过拍卖选择出价最高的经营者的投资最终只能依赖于向排污者收取的污水处理费来得到回收，拍卖的价格直接影响到最终居民支付的污水处理的价格，拍卖的价格越高，在一定的特许经营其内，必然导致居民最终支付的污水处理价格也越高，最终给居民带来承重负担。如图 4-3 所示，相对于污水处理费竞标法，这种竞标方式所实现的社会福利较低，如果特许经营者可以自主设定污水处理费，特许经营商必然将污水处理费定为垄断价格水平 p^m，消费者剩余只有 abp^m，政府的所得是 π^m。尽管污水处理费最初不能由特许经营商自主确定，但是由于在特许经营协议里都会有调价机制，特许经营商支付的特许费最终必然通过污水处理费得到回收，最终通过调价机制必然达到垄断价格水平。这种竞标方式将垄断企业的租金转移给了政府，实际上只是对财富进行了再分配，消费者的福利相对减少了。而如果按照最低费率法，获胜者的费率是 $\beta/0$，消费者剩余达到 $ac\beta/0$。由于 $\pi^m+abp^m<ac\beta/0$，所以特许费用法所实现的社会福利相对较少。由此可见，欲使特许权招标实现理想的社会福利水平，则必须采取污水处理费招标。

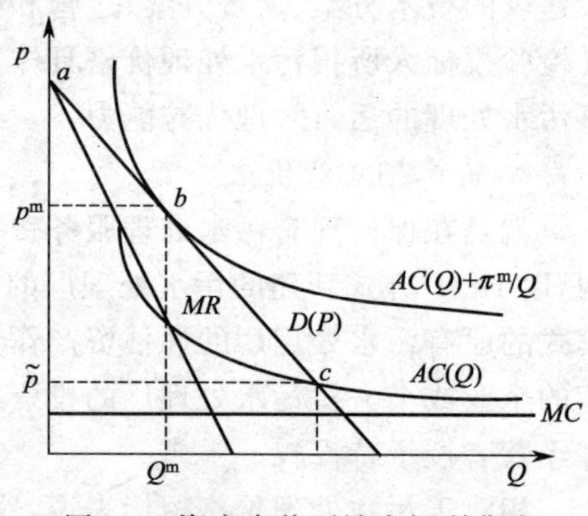

图 4-3　资产竞价下社会福利曲线

3. 最低补贴竞价法

对于现有的污水处理厂可能存在设计能力过剩，经营根本无法达到收支平衡，长期亏损。由于污水处理厂具有很强的正外部性，需要政府财政补贴维持经营。为了提高运营管理水平和经营效率，政府就可以按最低补贴法进行特许权招标。在保持现有污水处理费不变的情况下，竞标人根据特许经营期内总付补贴数额出价，出价最低者胜出，从而以尽可能少的财政补贴保证公共福利。与前面的模型一样，招标效果取决于竞标人数。

如图 4-4 所示，污水处理厂在公营情况下，其边际成本和平均成本分别为 MC_P 和 AC_P，需要的政府财政补贴为 P_pXZY。假定污水处理价格和污水量仍维持原有水平不变，改由特许商经营，其边际成本和平均成本分别为 MC_f 和 AC_f，政府补贴额是 P_pXVU，尽管边际成本和平均成本都低于公营企业，但企业仍面临亏损。如果该特许商是除公营企业之外的唯一竞标者，那么它只要以稍低于 P_PXZY 的出价即可击败公营企业，因污水处理费定价仍维持在 P_p，故获得利润为 P_fP_pXZ。这里：$P_p - P_f = AC_p - AC_f$。而随着竞标者的增多，该特许商的出价不断降低，如果它仍是获胜者，只要存在充分多的竞标者，它所索要的补贴额将只有 P_pXVU 的经济利润消失。

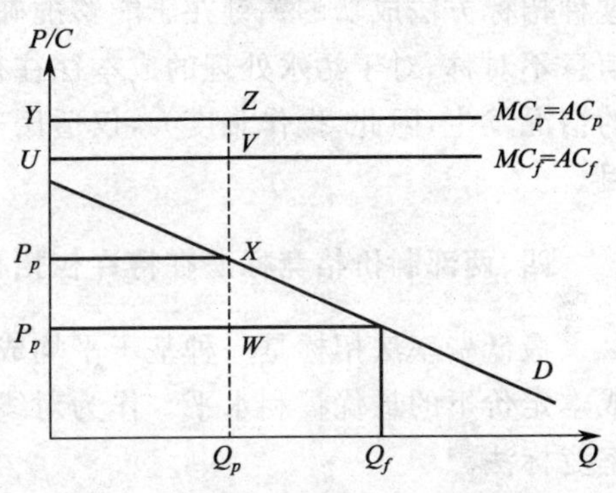

图 4-4　最低补贴法社会福利曲线

根据德姆赛斯(Demset)的招标理论，污水处理厂特许权招标竞标方法可以按污水处理费出价，污水处理费最低的竞标者可能赢得特许权；也可以采用资产竞价法，即由潜在的特许经营企业向政府支付一笔特许费用，获胜者则为竞标出价最高的企业。尽管两种方法都能减少经营者的垄断利润，但通过分析表明，两种竞标方法的福利结果不同，欲使特许权招标实现理想的社会福利水平，则必须采取污水处理费招标。另外，对于无法收支平衡的污水处理厂，还可按最低补贴法招标，通过竞标使补贴最低的企业获得特许权，从而最大限度地减少亏损，减轻政府的财政负担。

4. 合理最短收费期限招标

合理最短收费期限招标，是指招标人通过对所招标污水处理项目的经营权价值进行评估，事先确定一个基准收费期限，类似于工程招标中所设的标底。参与投标的投资人以确定的经营权价值和确定的收费价格测算出各自的收费期限参与竞标。评标时低于“基准收费期限”者，视为废标，然后对其余投标者按照所投项目收费期限从短到长进行排序，在其他相关条件都相当的情况下，推荐所报收费期限最短的为第一中标候选人。计算收费年限的最小单位为日，收费期限起算时间自项目交工验收日或移交日开始计算。

采用合理最短收费期限招标可以最大限度地减少招投标过程中的人为因素，也可以避免"逆向选择"的风险，但其不足之处在于加剧了竞标者之间的竞争，容易削弱项目的投资吸引力，而且不利于最大限度地满足政府的融资需求。合理最短收费期限招标适用于投标人竞争激烈的情况下使用，比较适合于投资前景好、运行效益好的污水处理项目。

5. 最低投资收益率招标

在确定污水处理项目的建设投资或评估资产和确定的特许经营期限内，根据特许经营价值和运营情况，测算出污水处理成本价格，由符合准入资格的投标人根据污水处理特许经营项目价值和特许期内的污水处理经营能力，预测各自收益率水平，以各自收益率进行招标，评标时，在确保个投标人其他指标相当的情况下，按所报收益率由低到高排列出中标候选人的顺序。

采用最低收益率招标，可以提高投资人之间的竞争强度，有利于降低污水处理收费。但是这种招标方法成功的关键在于能够准确测算污水处理的成本，由于政府部门与投资人之间的信息不对称，对于污水处理的成本往往很难准确测定。同时，还可能造成投资人过分追加投资的情况发生，因此，操作难度大，仅适用于工艺技术简单、成本可以准确测算、特许期较短的项目。

四、两部制价格竞标法在特许权招标中的应用

最低费率法招标是一种基于平均成本的线性费率，中标者按平均成本定价，并未实现边际成本定价下的最优福利水平。作为对线性费率法的一种改进，在一定条件下还可采取两部费率竞标法。

假定政府知道市场需求函数，这意味着能准确地测度一项两部费率方案所对应的消费者剩余，如图 4-5 所示，在充分竞争条件下，根据线性费率出价规则，特许企业按平均成本定价，消费者剩余是 abc；而在两部费率出价规则下，他的费率方案是，从量费为边际成本 MC，基本费是 F，只要 F 满足 $bcde > NF$（N 是消费者人数），消费者的福利便会得到进一步改善，为使平均成本定价降至边际成本定价，消费者所愿意支付的最大固定费用是 $bcde$。对企业而言，确保正常利润的 F 必须满足 $NF > defg$。由于 $bcde > defg$，故必存在一个 F，满足 $bcde > NF > defg$，使得消费者的福利得以增加的同时企业还能保留一定的经济利润。不过只要竞争比较充分，中标企业的基本费就会压低至经济利润为零的 $defg/N$ 水平，因此只要政府知道市场需求函数，便能按两部费率原则设计特许权拍卖，从而能够对竞标者进行有效的比较以确定最有效率的特许商，只要存在充分的竞争，按两部费率竞标将获得比平均费率法更高的福利水平。

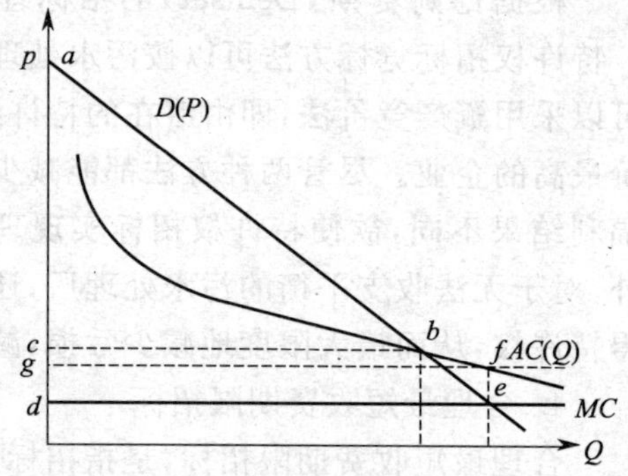

图 4-5　两部制竞标下的福利曲线

污水处理厂的特许经营权两部制价格招标就是把污水处理费作为招标标的，污水处理厂的投资（或资产）对于每个竞标人都是固定的，但污水处理费分为两部分，一部分为固定价格，一部分为可变价格，污水处理费价格的固定部分主要用于回收固定资产投资，包括建筑工程费用、设备购置费、安装工程费用和其他费用形成的固定资产折旧和工程实施中贷款的还本付息；变动价格则主要用于补偿该工程每年发生的经营费用，包括工资及福利费、管理费、维修费、动力费、药剂费、检验费、污泥处置费等及合理的利润和税金。

两部制竞价方法，投标人根据预测的运营期 1～2 年内的运营状况，按照以上成本构成和预期的投资回报率分别测算固定单价和可变单价两个部分，测算出运营期 1～2 年内的污水处

理单价：即：

$$p=p_1+p_2 \tag{4-4}$$

式中　p——污水处理综合单价；

p_1——固定单价；

p_2——计量单价。

污水处理费价格固定单价 p_1 构成主要是根据污水处理厂的总投资(P)测算出来的单位价格，包括建筑工程费用(C_1)、设备购置费(C_2)、安装工程费用(C_3)和其他费用(C_4)。

$$P=C_1+C_2+C_3+C_4 \tag{4-5}$$

污水处理费价格的固定部分主要用于回收固定资产投资。该项目固定资产投资的资金来源为自有资金和借入资金，自有资金和借入资金比例分别为 α 和 $\beta(\alpha+\beta=1)$，特许经营期为 T 年。则固定单价的测算公式如下：

$$p_1=\{[\alpha\times P\times\frac{i_1(1+i_1)^T}{(1+i_1)^T-1}]+[\beta\times P\times\frac{i_2(1+i_2)^T}{(1+i_2)^T-1}]\}/365Q \tag{4-6}$$

式中　p_1——每吨污水处理费价格的固定价格(元/t)；

P——污水处理厂总的固定资产投资(元)；

i_1——自有资金利息率，一般按银行长期存款利率测算；

i_2——借入资金利息率，按银行长期贷款利率测算。

Q——污水处理厂设计处理能力(t/日)。

计量单价 p_2 的测算成本构成主要是运营期前两年的动力费、药剂费、污泥处置费、工资福利费、大修费、检修维护费、保险费、化验费、管理费等其他运营成本。

投标人根据以上成本构成和预测的投资回报率测算出污水处理综合单价，竞争综合单价，以综合单价低者排名确定中标候选人，如果报价相等，则参考技术方案，融资方案，财务方案，法律方案和人事组织方案及超出单价进行综合评定。

由于固定价格主要反映污水处理固定成本的补偿，与投资费用、还贷利率和折旧方式等密切相关。不管是否达到污水处理能力，只要污水处理厂运行，就可以得到一定的费用补偿，确保了固定投资得到回报。变动价格主要反映污水处理厂变动成本的补偿，与燃料费用以及其他一些与管理水平有关系的成本密切相关。管理水平越高，变动成本就会控制得越好，在竞价过程中就能把价格压得更低，从而有利促使经营者提高效率，降低污水处理成本，给公众带来更大福利。

第四节　城市污水处理特许经营招标的评标方法

在特许经营招标过程中，面临的一个重要问题是招标评审问题，即要对投标人进行各方面的评审工作，如何从合格的投标商中选择合适的中标候选人。特许经营公开招标，一般由评审专家组成评审委员会，由评审委员会根据确定的评审方法对合格的投标商标书进行评价，得出评价结果向招标方推荐中标候选人。因此，评审委员会的组成，评审专家的专业、经验、能力，以及评审方法对评标的质量有重要的影响。

一、评标委员会的组成

评标由招标人依法组建的评标委员会负责，评标委员会由下列人员组成：招标方的代表，在评标过程中充分表达招标人的意见，与评标委员会的其他成员进行沟通，并对评标的全过程实施必要的监督；技术方面的专家，由污水处理相关专业的技术专家参加，对投标文件所提方案的技术上的可行性、合理性、先进性和质量可靠性等技术指标进行评审比较，以确定在技术和质量方面能够满足招标文件要求的投标；经济方面的专家，对投标文件所报的投标价格、投标方案的运营成本、投标人的财务状况等投标文件的商务条款进行评审比较，以确定在经济上对招标人最有利的投标；法律方面的专家，对投标文件中有关特许经营法律文件的合法性进行审查把关。

二、评标基本要求

1. 评标队伍的综合专业化

实施特许经营招标的污水处理项目，不同于一般施工、设计评标，仅仅涉及某一方面的专业。污水处理特许经营招标涉及技术、经济、管理、金融、财务、法律等多个专业知识，需要由污水处理工艺设计专家、施工技术专家、注册造价工程师、注册会计师、熟悉污水处理特许经营项目运作的各类专业综合人才，以及熟悉 FIDIC 合同条款的资深律师、投资银行专家等组成多专业的评标专家队伍，组建综合专业化的专家评审队伍，这是保证评审工作顺利开展的前提。

2. 评标因素的全面性

与传统项目的招标相比，污水处理特许经营招标所要求的招标文件内容更全面，反映出投标人须承担更广泛的义务。在评价与比较投标文件时评价因素也要比传统招标项目的评价因素更全面，不仅要考虑投标价格或与项目密切相关的其他标准的组合，而且还要对于投标人的一揽子财务安排、技术方案的吸引力、投标人的实力和融资能力和建设、运营级别与能力等进行评价，一般包括建议的技术方案、融资方案、运营和财务方案、法律方案、人事组织方案、价格等因素。

3. 评标方法的科学合理性

由于污水处理项目特许经营招标评价因素多，评标要求高，在评标过程中，需要有科学合理的评标方法，既能够全面反映各种评价因素，有效综合各评标专家的意见，并且实施和操作方便可行，同时又能在一定程度上又能制约评标委员会的权限，以减少合谋的可能性，从而使评审更加合理，得出最合理的结果，这对于特许经营招标能否成功具有重要作用。

三、评标方法分析

1. 单指标一次评标法

污水处理特许经营权招标评价指标只取决于某单一评价指标（目前较常见的是采用最低污水处理价格、最短特许期或最低政府补贴等方法），就是对参与投标的投资人在进行资格预审后，通过比较各投资人的污水处理价格、特许期、或政府补贴额等单一指标，以最低污水处理价格、最短特许期或最低政府补贴最终排定中标候选人排列顺序。

采用这种评标方法指标单一，评标方法简单，便于操作，评标人的影响大大减小。但根据污水处理的特征，由于采用的污水处理技术、设备不同，经过处理后的污水质量也有差异。特许经营招标评价包括建议的技术方案、融资方案、运营和财务方案、法律方案、人事组织方案、价格等多个评价因素。不同的评价因素之间具有很大的相关性，比如污水处理费也直接受处理技术、设备等影响，特许经营期的长短与服务收费价格直接相关，政府补贴的高低与企业经营效率的高低相关。由于这些评价因素之间的相关关系，如果污水处理特许经营权评标仅取决于单一指标，可能会造成最终胜出者是价格最低，但质量最差；特许经营期最短，但服务价格最高；政府补贴最低，但经营效率最低的投资人。污水处理特许经营招标不仅仅是要降低污水处理费用，更重要的是首先要保证污水处理质量标准，通过竞争提高污水处理运营效率。因此，采用单指标一次评标方法无法达到实施特许经营招标的目标。该方法仅仅适用于技术选择余地较小，处理质量容易监测，投资规模也不是很大的污水处理项目。

2. 多指标一次综合评标

污水处理特许经营招标设置多个评标参数，污水处理价格是招标评审中最重要的评价因素，但是，污水处理费的价格是否合理、能否实现，要受到其他一些因素的制约，诸如技术方案、运营和财务方案的可行性和合理性，法律方案和人事组织方案的有效性是污水处理价格合理性的根本保证。因此，评标不仅要考虑污水处理价格，还要考虑投标人建议的技术方案、运营和财务方案、法律方案和人事组织方案等多个评价因素。把各投标人的建议的技术方案、融资方案、运营和财务方案、法律方案、人事组织方案以及污水处理服务价格分别赋予一定的权重，评标专家组按照规定的各项因素进行综合评审和量化打分，以加权平均、模糊评价或层次分析法等进行综合评标，总得分最高的投标人作为中标候选人。

这种评标方法将彼此相关的各评价因素进行了综合考虑，兼顾了价格、技术、质量、效率、融资等方面的因素，能全面评估投标人的整体实力。相对于单一指标评价来说更全面、更合理，通过一次综合评分评标，过程也相对简单。但是，该方法除了价格这一客观因素外，其他标准均受个人主观判断影响。评标专家的选择和专家评标的客观性是综合评标能否有效发挥作用的两个关键要素，而评标专家一般都是临时抽调的，评标人员由来自不同专业的专家组成，由于知识水平、实践经验所限，本身存在很大的局限性，短时间内无法充分熟悉和准确把握各评价因素之间的相关关系，不可能全面正确赋予评标因素权值。同时，评标专家控制了指标及权重的选择，对评出的结果，既难以实践检验，也没有相应的奖惩措施，个别投标者可能会对部分评委施加影响。另外，污水处理服务价格是最重要的量化指标，但是在综合评价方法中却和定性指标进行打分综合评定，尽管可以赋予一定的权重，但是以最终得分来排列评标结果，可能会出现几个投标人实力比较接近难以区分优劣，或出现尽管其他评价因素较差，但污水处理费报价较低而得分排在技术等其他方案比较可靠的投标人之前的情况，不利于优秀特许经营者的胜出。

3. 多指标两阶段综合评标

两阶段综合评标过程分两个阶段，第一阶段为综合能力评价（满分为 A），对各投标人的建议的技术方案、融资方案、运营和财务方案、法律方案、人事组织方案进行评审，由于这些评价指标都是一些定性的指标，可以对几个方面指标分别赋予一定的分值，例如：技术方案满分为 k_1 分，融资方案满分为 k_2 分，法律方案满分为 k_3 分，人事组织方案满分为 k_4 分，运营及财务方案满分为 k_5 分，其中：$k_1+k_2+k_3+k_4+k_5=A$。采用专家打分的方法，进行综合评价。招标文件中明确规定，符合招标文件的技术要求，且同时满足公式（4-7）的投标文件将被认为通过该项评估。其中：$k'_1, k'_2, k'_3, k'_4, k'_5$ 分别为技术方案、融资方案、法律方案、人事组织方案、运营及财务方案的评分值，$\min k_1, \min k_2, \min k_3, \min k_4, \min k_5$ 分别为技术方案、融资方案、法律方案、人事组织方案、运营及财务方案的最小应该达到的评分。第 j 个投标人的第一阶段评分为：

$$\begin{cases} k_1 \geqslant \min k_1 \\ k'_2 \geqslant \min k_2 \\ k'_3 \geqslant \min k_3 \\ k'_4 \geqslant \min k_4 \\ k'_5 \geqslant \min k_5 \end{cases} \tag{4-7}$$

$$F_j^1 = \sum_{i=1}^{5} k'_i \tag{4-8}$$

第二阶段为污水处理价格评价（满分为 B），通过第一阶段评价的投标人才有资格参加第二阶段的评价。第二阶段将评估和比较投资人以固定价格和变动价格测算出来的经营期 1-2 年内的污水处理综合单价。对进入第二阶段评估的投标人所报的污水处理服务综合单价进行评定是否在合理的价格区间范围内，剔除明显偏离合理价格区间的报价 p_0，以有效报价中的最低价为基准价 p_0，对应基准价格的投标人第二阶段得分为满分 B，其它投标人的第二阶段得分为：

$$F_j^2 = B - \frac{P_i - P_0}{P_0} \times B, (j=1, 2L \quad n) \tag{4-9}$$

式中 F_j^2——除了基准价以外第 j 个投标人第二阶段污水处理价格评定计分；

p_0——第二阶段投标人所报的每立方米污水处理服务价格中的最低价；

p_j——除了基准价以外第 j 个投标人第二阶段污水处理价格。

两阶段总分为满分（A+B=100），投标人将依据两阶段总得分 $F(F=F_j^1+F_j^2)$ 进行排序，如果两家投标人总得分相同，则以第二阶段得分较高的投标人排序靠前。

污水处理特许经营招标，根本目标是提高污水处理的运营效率，降低污水处理成本，因此，无论以何种方式招标，污水处理价格都是核心的评价指标。尽管污水处理价格与投标人建议的技术方案、融资方案、运营和财务方案、法律方案、人事组织方案直接相关，但是这些因素评价是为了检验投标人所报污水处理价格具体实现的可能性、可行性和可靠性，保证投标人真正具备从事污水处理的运营管理能力。两阶段综合评标方法，在第一阶段的投标过程中，投标人为争取进入下一阶段，必须尽可能地提高综合实力，可确保进入下一阶段评标的投标人具有优秀的综合运营管理能力，确保污水处理的服务质量。第二阶段竞争污水处理价格，在确保质量和投资人综合能力情况下，力求污水处理价格合理最低。既保证了中标候选人具有优秀的实力，从而保证了污水处理的质量要求，同时也使污水处理价格合理最低，达到了污水处理特许权招标的目的。

例如，北京市某污水处理项目特许经营权招标中评标方案主要采用了两阶段评分法，在招标文件中规定了评标标准以及各自所占权重，满分为 100 分，评标标准分为两阶段：第一部分是除污水处理费外的投标内容，总分 40 分，包括三个方面：第一是技术方案，权重占 0.25，为 25 分；第二是融资方案，权重 0.1，为 10 分：第三是法律方案，权重 0.05，为 5 分。第二阶段：污水处理价格，权重 0.6，为 60 分。在第一阶段的评审中，只有当技术方案得分超过 21 分，融资方案得分超过 8 分，法律方案得分超过 4 分时，才有资格进入对第二部分污水处理价格的评审。

第五节　城市污水处理特许经营退出机制

特许经营的退出机制是污水处理市场准入制度的有机组成部分，特许经营退出机制包括自愿退出机制、强制退出机制和协议退出机制。

一、自愿退出机制

自愿退出机制是指在特许经营期满之前，特许经营商出于自身原因，主动放弃污水处理的特许经营权，退出污水处理厂的建设或经营，由此而确立的相关约束机制。

由于污水处理厂属于城市公用基础设施，对城市的发展具有重要的影响，能否按照计划的工期建设完工，能否正常的运营，直接关系到公众的生活和城市环境状况。因此，对于特许经营商的自愿退出，必须有相应的退出约束程序，不可随意退出。退出前必须给政府足够的时间安排相应的接管工作，无论是建设期还是经营期的退出，都必须提前至少三个月向政府相关部门提出，政府部门根据申请退出原因双方协商相关的退出事项，确定办理移交的日期和程序，明确移交的要求以及由此给政府造成的损失赔偿。政府部门同时进行特许经营商退出后的相关工作安排，在规定的时间办理移交。

二、强制退出机制

强制退出机制主要是针对特许经营商不能履行或者不能很好履行协议约定的相关义务，采取的一种惩罚性的强制退出手段。一般存在以下几种情况：

1. 在特许经营招标阶段，以虚假的资料欺骗获取特许经营权，而实际根本不具备污水处理能力和资质，一经发现必须强制退出；

2. 虽然具备相关资质和能力，取得特许经营权以后，建设期间不能很好地履行义务，建设资金不能在规定时间有效落实，建设进度严重滞后，建设质量保证体系不健全，无法保证建设质量，经限期整顿仍然没有改进，必须强制退出；

3. 在运营期内，没有很好履行协议约定的义务，出水质量持续不达标，污泥处置不符合要求，设备维护修理计划不落实，安全运营无法保证，经限期整顿和经济处罚后，仍没有很好改进，必须强制退出。

强制退出以是否有效履行了协议约定的义务为基本要求，以履约保证金作为履约保证，以限期整改的结果作为是否强制退出的衡量标准。退出机制包括退出时间要求，特许经营商承担由此所造成的损失赔偿，明确移交的程序和要求。

三、协议退出机制

由于不可抗力因素，或者是双方共同认可的因素，导致协议无法很好履行，经双方友好协商，中止特许权协议，协商移交时间、移交程序以及相关的损失赔偿等。

第五章

污水处理项目特许经营建设管理

特许经营建设管理主要是对BOT模式污水处理项目建设期间的监督管理。传统的计划体制下污水处理项目建设由政府直接投资和建设,因此,建设阶段项目管理的三大目标——质量、投资和进度控制都置于政府的直接控制和监督管理下。和传统的政府直接投资建设模式不同,污水处理特许经营项目,从特许经营协议签订以后,污水处理项目的融资、建设全部由投资人负责,污水处理项目的建设投资、进度和质量主要依靠投资人直接控制和管理。而城市污水处理项目作为重要的公用基础设施,能否在规定的工期内按照要求的质量标准完成项目,并及时投入运营,直接关系到居民的生活和城市发展。因此,如何确保投资人有效控制污水处理厂的建设投资、进度和质量,是建设阶段政府监管的内容。

第一节　污水处理项目特许经营建设管理重要性

一、特许经营项目建设程序

以特许经营方式投资建设的污水处理厂,其建设阶段是从特许经营协议的最终签署之后开始的。在经过与中标候选人谈判结束且草签特许权协议以后,中标投资人报批《可行性研究报告》,并组建项目公司。项目公司将正式与贷款人、建筑承包商、运营维护承包商和保险公司等签订相关合同,最后与政府正式签署特许权协议。至此,污水处理厂特许经营的前期工作全部结束,项目公司在签订所有合同之后,开始进入项目的建设阶段,即项目进入设计、施工阶段。在建设阶段,投资人需要按照合同规定,完成融资交割,选择设计单位和总承包商,由项目公司分别与中标单位订立工程设计、勘探、施工、设备采购、材料供应等方面的合同,开始进行工程勘察、设计和施工,选择监理单位对工程质量、进度、投资进行监督控制。每一分项工程的规划、勘探设计、施工、质量与安全管理、竣工验收等均按法规、规范进行。项目公司按合约履行义务。基本程序如图5-1所示。

二、特许经营建设管理的重要性

和传统的政府直接投资建设和运营不同,污水处理特许经营项目建设,从项目的资金筹集到工程设计和开工建设,以及设备供应商和工程监理单位的选择都是完全由投资人负责。但污水处理项目作为城市公用基础设施,最终要政府或其指定机构接管并在相当长的时间内继

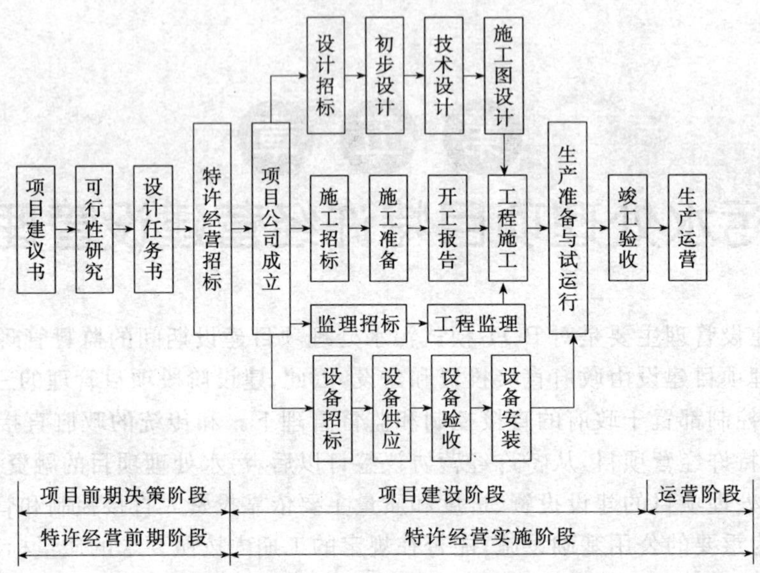

图 5-1　污水处理厂特许经营建设程序

续运营，必须确保项目从设计、建设到运营和维护都完全按照政府和中标人在合同中规定的要求进行。

建设阶段是污水处理厂工程实体的最终形成阶段，能否按规定计划竣工验收，直接关系到能否按时投入污水处理运营服务，而污水处理厂的建设质量不仅直接影响到今后污水处理的服务质量而且影响到最终的服务寿命，因此，政府要加强对特许经营模式污水处理厂建设阶段的控制和管理。一方面是对投资和进度控制，确保污水处理厂能按期完工，另一方面要防止偷工减料现象发生，严格控制污水处理厂建设质量。建设阶段政府管理的重点是进度、投资和质量控制，确保在规定的工期内按照规定的质量标准完成项目，并及时投入运营。

第二节　污水处理项目特许经营投资控制

一、污水处理项目建设投资构成

工程项目建设投资，一般是指进行某项工程建设花费的全部费用，即该工程项目有计划地进行固定资产再生产和形成相应无形资产及铺底流动资金的一次性费用总和。根据我国现行规定，污水处理厂建设投资组成包括：固定资产投资和流动资产投资以及建设期贷款利息几部分。固定资产投资包括工程费、预备费、其他费用，工程费包括建筑安装工程费、设备工具器具配置费用、工程建设其他费用；预备费用包括基本预备费和张家预备费；其他费用主要指固定资产投资方向调节税(图 5-2)。

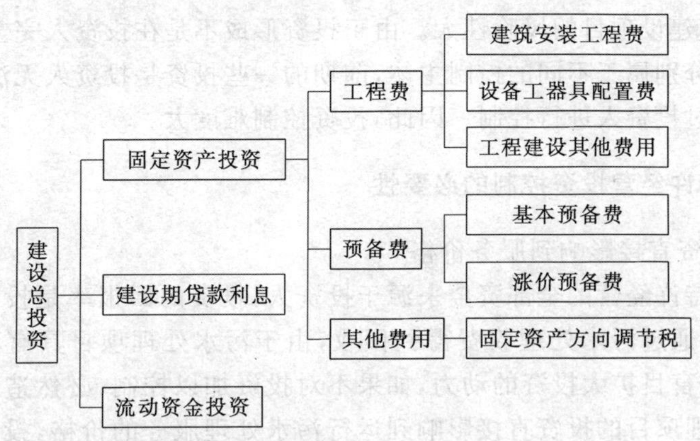

图 5-2　污水处理项目建设投资构成

二、特许经营污水处理厂建设投资特点

1. 投资构成与传统建设投资构成略有不同

特许经营建设的污水处理项目投资包括污水处理全部建筑安装工程费、设备购置费、工程建设其他费、基本预备费、建设期利息及铺底流动资金。根据投入的阶段可以划分为特许经营前期预生产费用和特许经营实施阶段投资。前期和预生产费用包括前期开发费用和项目公司前期费用，前期开发费用主要指项目立项、项目环境评估、项目可行性研究报告、征地、勘查费用、进厂道路、围墙（临时）、招标代理以及其他费用；项目公司的前期费包括前期费用和预备费。实施阶段的投资部分主要是建、构筑物土建、设备购置费、管材管件及安装费、建设期贷款利息、铺底流动资金几个部分。

2. 特许经营建设投资是由特许权协议确定

特许经营的招标阶段一般在可行性研究报告以后，在可行性研究阶段只有关于污水处理项目的投资估算，虽然在选择投资人以前项目开发的一些费用包括项目立项、项目环境评估、项目可行性研究报告已经先期形成，但项目总的最终投资是通过各投资商参与投标竞争形成的，是在特许经营招投标阶段，特许经营协议签署以后项目的投资就已经确定。最终项目投资以政府与中标投资人签署的特许经营协议中的投资额为最终投资目标。

3. 投资形成和控制分属不同的控制主体

以特许经营方式投资建设的污水处理厂，其项目的全部投资来源于投资人，因此其全部的投资的形成理所当然应该置于投资人的监督控制之下，但是特许经营前期的一些费用如项目立项、项目环境评估、项目可行性研究报告、征地、勘查费用、进厂道路、围墙（临时）、招标代理等的费用，在特许经营招标前就已经形成，只是在招标完成后，前期的费用作为项目投资的一部分由投资人确认支付。前期的投资的控制主体在政府，实施阶段的投资控制主体是投资人。

4. 投资控制难度大

污水处理项目建设投资巨大，建设和运营周期长，特许经营投资回收期长，由于市场变化的不确定性，决定了建设项目的风险性大。由于投资形成不是在投资人完全控制下形成的，前期投资和后期投资分别属于不同的控制主体，前期的一些投资是投资人无法控制的，实施阶段的投资政府需要通过投资人进行控制。因此，投资控制难度大。

三、污水处理特许经营投资控制的必要性

1. 污水处理投资直接影响到服务价格

污水处理项目特许经营的全部资金来源于投资人，投资的回报率是投资人最为关心的问题，这些投资最终将通过污水处理收费得到回收，由于污水处理项目具有稳定的投资回报特点，因此投资人具有盲目扩大投资的动力，如果不对投资加以控制，必然造成污水处理项目的投资失控。污水处理项目的投资直接影响到运行污水处理服务的价格，投资不合理必然带来最终污水处理服务价格的不合理，最终给居民利益带来损失。特许经营期结束以后项目最终将移交给政府，因此政府必须对投资进行有效的控制。

2. 污水处理投资影响到建设进度和质量

尽管污水处理项目由投资人负责投资和建设，并在特许期内从事运营服务，但是污水处理项目作为城市最重要的公用基础设施，对城市居民的生活和城市的经济发展有重要作用，必须确保污水处理项目按照计划的建设进度和规定的质量投入运营服务，而投资对项目的进度和质量具有决定性的影响，因此政府需要对投资人的投资进行控制确保项目投资能够及时到位，从而保证项目的进度和质量。

3. 投资控制的关键在项目的前期决策

从国内外对工程项目投资失控的大量资料分析，工程项目建设程序的不同阶段对投资影响程度是不同的，投资前期决策阶段，对投资影响程度最大，可达到 95%～100%，初步设计阶段对项目投资影响为 75%～95%，技术设计阶段影响为 35%～75%；施工图设计阶段对项目投资影响为 5%～35%；而施工阶段对投资影响程度在 10%以下。不同建设阶段对建设项目投资的影响程度，如图 5-3 所示。虽然污水处理项目特许经营从融资到投资建设和运营的全部工作由投资人负责，但是污水处理项目的前期规划、立项和决策在政府，政府的前期决策水平对于污水处理项目的投资具有重要影响，投资的合理性首先取决于政府决策的合理性。政府对项目的投资控制是至关重要的。

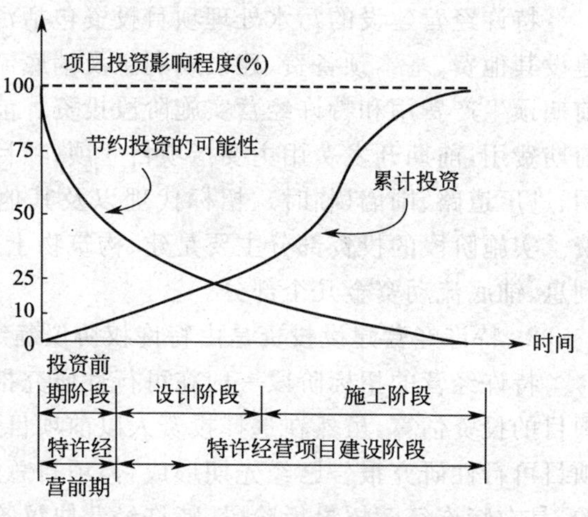

图 5-3　不同建设阶段对投资的影响

四、污水处理特许经营项目投资控制的目标

1. 特许经营前期控制是确保建设投资的决策合理性

污水处理项目的建设投资首先取决于政府的前期决策，政府的前期规划决策对于项目的投资的合理性具有决定性的作用。另一方面，在特许经营前期，项目立项、项目环境评估、项目可行性研究报告、征地、勘查费用、进厂道路、围墙(临时)、招标代理以及其他费用构成的项目前期投资是由政府先期完成的，这些投资构成了污水处理项目总投资的一部分，对于最终建设投资有重要影响。因此，特许经营前期政府对投资控制的目标是确保前期投资的合理性。

2. 确保建设项目的进度和质量

在特许经营协议签署之后，项目的总投资已经最终确定，由投资人按照合同确定的投资额完成项目投资。但是政府不能忽视对投资的控制，因为项目的资金的落实直接关系到建设项目的进度和建设质量，因此在这个阶段政府对投资控制的目的就是确保建设资金及时到位，从而保证项目的进度和质量。

3. 保证建设投资的合理性

建设投资的合理性永远是投资控制的根本目标，政府前期的决策正确性是投资合理性的前提，而建设投资的最终形成在实施阶段完成，建设阶段的控制不仅要保证资金的及时到位，同时要保证投资人按照协议规定的投资数额完成投资目标，最终实现投资的合理性目标。

五、污水处理特许经营投资控制的方法

1. 投资控制程序

建设项目的投资控制主要包括两个方面：一是准确地确定项目投资限额；二是使投资控制在限额以内。污水处理项目特许经营政府投资控制的关键是特许经营前期的控制，而特许经营实施中的控制由投资者具体实施，政府只是确保投资人的资金到位，保证项目进度和质量，保证投资合理性。因此，政府对投资控制可以分为前期投资控制和实施阶段控制，前期控制包括目标决策阶段控制、项目前期费用的支付控制，实施阶段控制包括特许经营招标价格控制以及融资方案合理性控制和投资落实控制。其投资控制的一般程序如图 5-4 所示。

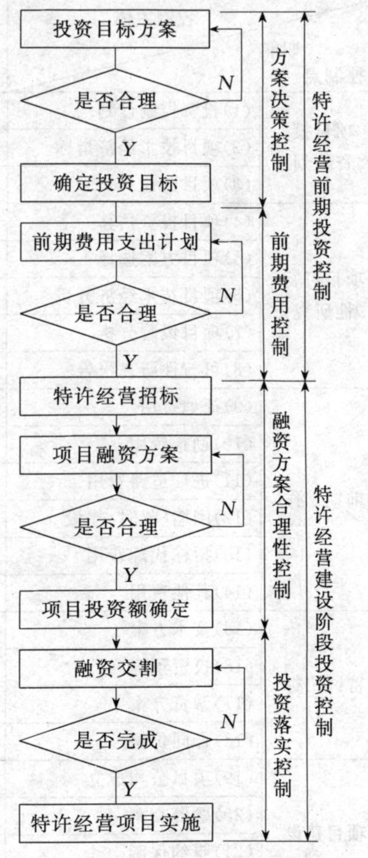

图 5-4　投资控制的程序

2. 投资控制的控制点法

(1)控制点法的概念

利用设置控制点来实现对项目投资的控制，成为项目投资控制的控制点法。投资控制点设置目的是通过对控制点的设置，将项目投资的总目标分解为各控制点的分目标，以便对各控制点分目标进行控制。其目的在于：通过控制点的设置，将复杂的项目建设目标控制转化为一系列简单

分项的目标控制。有利于控制管理人员及时地分析和掌握控制点的条件变化,分析各种因素对有关分目标产生的影响程度。

(2)控制点的设置

控制点法的关键是如何合理设置投资控制点。投资控制点的设置的一般原则:有利于对建设项目单目标和多目标控制的结合;有利于参与投资控制的不同主体从事控制活动。根据这一原则对污水处理项目特许经营投资控制点的设置,可以按照参与控制的主体和主要的工作任务来设置。投资控制的主体包括建设单位、投资人、分项任务负责人和分项任务投资控制负责人及建设行政主管部门。委托的咨询机构对项目前期进行工程咨询,项目总负责人和分项负责人均是咨询单位委派人员担任。控制主体对相应工作任务实施的控制职能及其活动就构成了各控制点的控制对象。表 5-1 列出了投资各阶段控制点。表中用 P、D、C、A 分别表示个控制主体的控制职能,其中 P 表示计划于决策;D 表示执行与实施;C 表示检查与审查;A 表示控制与协调。

表 5-1 建设项目前期控制点的设置

控制点 \ 职能 \ 控制主体		建设单位	项目总负责人	投资人	分项负责人	分项投资负责人	建设主管部门
项目投资策划	(1)投资控制计划	P,C	P,C,A	P,C,A	D,A	D	
	(2)项目技术经济指标	P,C	P,D,A	P,D,A			
	(3)项目建议书	P,C	D,A	D,A			C
项目可行性研究	(4)项目投资估算	P,C	P,C	D,A	D	D	
	(5)项目方案选择	P,C	P,C,D		D		C
	(6)项目技术经济分析	C	P,C	P,A	C,A	D	
	(7)项目风险分析	C	P,C	P,C	D	D	
	(8)可行性研究报告	P,C	P,C,D	C,D	D	D	C
前期工作	(9)征地费用	P,C,D	P,C,D	P,C	D,A	D,A	
	(10)勘查费用	P, C	P,C,D	P,C	D,A	D,A	
	(11)进厂道路费用	P,C	P,C	P,C	D,A	D,A	
	(12)围墙(临时)建设	P,C	P,C	P,C	D,A	D,A	
	(13)招标代理费用	P,C,D	P,C	P,C	D,A	D,A	C
	(14)其他费用	P, C	P,C	P,C	D,A	D,A	
特许招标	(15)技术方案	C	P,C	P,D,A,C			
	(16)投资预算	C	P,C	P,D,A,C			C
	(17)融资方案	C	P,C	P,D,A,C			C
	(18)合同价格	C	P,C	P,D,A,C			C
项目建设	(19)项目公司成立	C	P,C	P,D,A,D			
	(20)融资交割	C	P,C	P,D,A,D			
	(21)履约保函	P, C	P,C	P,D,A,C			
	(22)建设期间工程保险	C	P, D	P,D,A,C			

3. 投资控制关键阶段

(1)项目前期投资决策阶段

投资决策阶段是建设单位制定投资决策的关键工作，在本控制点的控制职能是：计划和决策；检查与审查。相应的控制对策是：制定项目投资策划的工作计划；组建项目投资策划的工作机构，并赋予相应的工作职权；对工作机构提供的工作报告及项目投资方案的设想进行检查、审查和决策，最终形成对项目投资初步设想，提出项目建议书供上级建设主管部门审批。

可行性研究阶段是项目建设前期的一项极为重要的工作，其研究的可靠性、合理性、科学性是投资控制的关键环节，对其研究成果的质量必须加以严格控制。可行性研究的投资控制依据是国家的各项建设法规、已经审批的项目建议书和业主的建设意图。可行性研究投资控制是通过控制建设规模，控制对建设资源的合理配置和利用，控制建设进度和资金筹集使用计划，控制技术经济条件和建设环境条件，并对建设项目的财务效益和经济效果做出全面评价，实现对投资控制。其前期决策阶段的控制主要是两个方面：

一是确定合理的投资控制目标，投资目标是建设项目预计的最高投资限额，也是实施过程中进行投资控制的基本依据，投资目标的合理确定直接影响到投资控制能否有效地实施，目标能否实现。我国目前确定投资目标的主要依据是可行性研究及其有关定额。我国基本建设程序规定，初步设计的概算投资不能超过经批准的可行性研究报告估算投资的10%。

二是加强可行性研究工作的深度，提高投资估算可靠程度。在编制可行性研究报告时，必须对拟建项目的各建设方案从技术和经济两方面进行综合评价，优化建设方案。并在优化方案的基础上，通过多方案比较，选择最优方案，编制出质量高的、技术先进、经济合理的可行性研究报告，以保证建设的投资效果。可行性研究报告一经批准，其确定的投资估算额将作为工程计划控制造价。投资估算的方法主要有工程量法、规模指数法和相关系数法。为提高投资估算的科学性和准确性，应按项目的性质、技术要求和资料数据的具体情况，有针对性地选用适宜的方法。

1)生产能力指数法 根据已建性质类似的建设项目或生产装置的投资额和生产能力，对拟建项目或生产装置的生产能力的投资额进行估算。

计算公式：

$$I_2=I_1\times(Q_2/Q_1)^n\times f \tag{5-1}$$

式中 I_2——新建项目所需投资额；

I_1——已建类似项目的投资额；

Q_1——已建类似项目的生产能力；

Q_2——新建项目的生产能力；

n——生产能力指数，通常$<0<n\leqslant1$；

f——新老项目建设间隔期内定额、单价、费用变更等的综合调整系数。

特点：不需要详细的工程设计资料，只需要工艺流程及规模就可以。只要资料可靠，条件基本相同，就能很快估算出接近实际投资，否则误差就会很大。多用于项目建议书阶段。

2)系数估算法:以建设项目设备或厂房建设投资为估算基础,乘以相应系数估算项目总投资的方法,主要有郎格系数法和设备厂房估算法。

①郎格系数法:即设备系数法,以设备费为基础,乘以适当系数来推算项目的建设费用。当项目工艺设备已经选定,其他设施还未设计时,郎格系数法比较方便。计算公式为:

$$I=E\times K \tag{5-2}$$

式中 I——新建项目所需投资额;

E——新建项目设备的投资额;

K——总建设费用与设备费用之比为郎格系数,

$$K=(1+\sum K_i)\times K_i',$$

其中 K_i——附属设施(管线、仪表、电气、安装、土建等)费用系数;

K_i'——其他费用、预备费、贷款利息等费用系数。

②设备及厂房估算法:如果设计方案已确定了生产工艺,并初步选定了工艺设备、进行了工艺布置,工艺设备投资和厂房土建投资就可以根据设备的重量及厂房的高度和面积分别估算出来。其他专业工程的投资,与设备关系较大的按设备投资系数计算,与厂房关系较大的按厂房土建投资系数计算,两类投资加起来就得出整个项目的投资。

3)比例估算法

①以设备费为基数进行估算:以拟建项目的全部设备费为基数,根据已建成的同类项目的建筑安装费和其他工程费用等占设备价值的百分比,求出相应的建筑安装费及其他工程费等;再加上拟建项目的其他有关费用,其总和即为项目的投资。计算公式为:

$$I=E_1(1+f_1k_1+f_2k_2+\cdots+f_nk_n)+E_2 \tag{5-3}$$

式中 I——拟建项目的投资额;

E_1——拟建项目的其他有关费用;

E_2——拟建项目当时当地价格计算的设备费总和(含运输杂费);

$k_1,k_2,\cdots,k_n$——已建项目中建筑、安装及其他工程费等占设备费的百分比;

$f_1,f_2,\cdots,f_n$——由于时间因素引起的定额、价格、费用标准等变化的综合调整系数。

②以最主要的工艺设备为基数进行估算:以拟建项目的最主要、投资比重较大并与生产能力有关的工艺设备的投资为基数(含运输及安装费),进行估算。根据同类型已建项目的有关资料,计算出拟建项目的各专业工程费(总图、土建、工艺管道、暖通、给排水、电气、通信、自控仪表及其他工程费用等)占工艺设备投资的百分比,求出各专业的投资;然后把各专业工程的投资相加(含工艺设备费),再加上拟建项目的其他有关费用,即为该项目的总投资。计算公式为:

$$I=E_1(1+f_1p_1+f_2p_2+\cdots+f_np_n)+E_2 \tag{5-4}$$

式中 $p_1,p_2,\cdots,p_n$——各专业工程费占工艺设备费的百分比;

其他同上。

4)指标估算法

以建设项目的投资估算指标，如建设项目综合指标、单项工程指标、单位工程指标，乘以所需的单位数量，计算出相应的各单位工程投资。在此基础上，再估算工程建设预备费、贷款利息、铺底流动资金及其他费用，即可估算出新建项目所需的全部投资。

5)投资分类估算法

按工程项目建设投资的构成分部分项估算。如工程建设投资可分为建筑工程费、安装工程费、设备及工器具购置费、其他费用、预备费、贷款利息、铺底流动资金等部分。具体估算方法是选择同类型已建项目的有关资料，测算出各分部分项系数，再乘以拟建项目的实物工作量及单价指标即可。投资分类估算法是按构成分别估算，这样便于了解分类分专业，以及各部分占投资比例情况。

(2)特许经营的前期规划阶段

特许经营前期规划工作，如项目的规划方案、规划选址、测绘勘察；项目建议书、可行性研究报告和初步设计的编制和审查批复；污水处理项目场地征地、所有地上物拆迁和土地平整、围墙的建设；污水处理项目场地以外污水处理项目所需的供水、燃气、雨水、电力、道路、污水处理项目进退水管线等市政设施的建设，临时用电接至规划红线处，临时用水接至规划红线处，临时进场道路建设至红线处。一般是由业主代项目公司完成，这些费用构成了污水处理项目最终投资的很大一部分，大约占总投资的1/4～1/3，需要对这些工作的支出进行严格监督，应该通过招标方式选择承包商，严格控制这些费用的支出，将这些投资控制在合理的限额之内。

(3)特许经营招标阶段

由于特许经营的项目最终投资是经过招标，在竞标过程中形成的。该阶段对投资的控制内容主要是需要严格控制招标的程序，保证招标的公平、公正、公开，为各投标人创造一个充分竞争的环境，形成有效的竞争。严格审核投标的技术方案，审核投资预算，在水价合理前提下，保证投资在合理的范围内。严格审核其融资方案，融资交割的时间，融资方案的财务可行性，建议的融资结构；污水处理项目的总项目成本与建议的污水处理服务价格之间的关系以及总的项目成本和技术方案的关系。确立设计优化激励机制，在投资概算限额内，对由于设计优化节约的投资归投资人所有。

(4)项目建设阶段

1)项目公司的成立

特许经营权的签约和授予对象为中标投资人，污水处理项目由被选定的投资人直接投资、建设或经营，按照国内外特许经营的惯例，投资人一般采用组建项目公司的方式具体实施特许经营。项目公司在融资、风险管理、监管等方面都具有十分重要的作用。项目公司能否顺利成立，对项目成功实施具有至关重要作用。在特许经营期内，政府监管的直接对象是项目公司。在此阶段的投资控制主要通过审核项目资本金、确认融资交割、加强合同管理和履约保函控制。

2)融资交割的确认

投资资本金制度是进行建设项目投资控制的基础，项目资本金是指一项投资的发起人各方必须按照投资总额的一定比例先认缴自己的应出资份额，并以此作为注册资本金向工商主管机关申请登记注册，成立项目公司，该投资项目所需资金其余部分则以注册资本金担保，由投资法人向社会融资获得。一般污水处理特许经营投资人资本金比例不低于30%，项目的资本金制度形成了硬性的投资预算约束机制，促使每项投资都要注重经济效益，同时也降低了项目的风险。资本金不到位，不能到工商主管机关登记注册，不能对外负债。只有投资项目发起各方都缴足了自己应缴部分资金后，才能获得法人资格证书，并向社会募集其余资金。其次，要严格资本金的来源和性质。确保投资项目资本金来源于投资人自有资金，并保证资本金始终在项目中运作，不得抽回。融资交割是确认投资人资金到位、保证项目资金的有效手段，当投资人已签署并向贷款人递交所有融资文件，包括满足或放弃融资文件要求的获得首笔资金的每一前提条件；或项目公司能够获得项目融资，同时收到融资文件要求的股本投资人的认股书或股本出资。并向政府书面确认融资交割完成，并提交所有已签署的融资文件的复印件，以及政府要求的证明融资交割已实现的任何其他文件。可以视为完成融资交割。

3)履约保函的提交

为保证项目公司能够很好地按照协议约定，履行污水处理设施的设计、建设和运营维护的义务，应要求项目公司向业主提交一定金额的履约保函(具体金额可以双方协商)，履约保函由可被政府接受的金融机构出具。履约保函的有效期为自协议生效日起至规定的完工期届满为止，在确保项目公司很好的按协议要求履行了相关义务后，政府可以解除全部或尚未支取的履约保函项下的金额。

4)强制购买工程保险

在整个特许期内，项目公司应按污水处理行业的国家管理办理和维持合理的建设保险。项目公司应在整个建设期内自费投保并保持货物运输险、完工延迟险、建筑安装工程一切险、完工延迟险、第三者责任险、其他通常的、合理的或者遵循贷款人及适用法律要求所必需的保险。但是，如果从保险公司处无法获得，或无法以合理的商业条件获得该等保险，则项目公司没有义务获得该等保险。

5)合理控制各种意外投资

工程建设过程中可能会出现很多意外支出，如不可抗力原因、前期决策失误、投资人的建设失误等。对工程建设过程中的各种意外支出，合理界定和控制，对于明显属于前期工作失误，如决策失误、勘查失误、意外地质状况等造成的投资增加，应该予以合理确认。对由于投资人的工作失误造成的投资增加，以及故意加大投资规模的企图必须坚决予以拒绝。对于不可抗力原因造成的投资增加应该由投资人通过工程保险获得补偿。

第三节　污水处理项目特许经营建设进度控制

一、建设进度控制意义

工程项目的建设进度，即建设周期，是指从项目立项、可行性研究、工程设计和施工，直到完成全部建设任务所从事的各项活动需要的时间。能否按期完成工程任务，使其投入正常运行，及时发挥项目投资效益，是每一个建设项目的最终目的和归宿。特别是污水处理项目项目的建设关系国计民生，其建设进度直接关系到污水处理项目能否按期投入生产运营，如果工程提前完工，则可以产生良好的经济效益和社会效益；相反，进度拖延，则会给国民经济和人民生活带来不良影响。因此，建设进度控制具有十分重要的意义，可以促使项目加快建设进度，提早投入生产和运营，及早发挥投资的效益，产生巨大的经济和社会效益。

二、建设进度影响因素

特许经营模式污水处理项目的建设主要由政府和投资人成立的项目公司两方面的工作，前期的工作由政府及相关机构完成的，后期的工程实体形成阶段由项目公司负责完成。因此，影响建设进度的因素分为政府的前期工作和项目公司的后期建设两个方面，如图 5-5 所示。

1. 前期工作的影响

在影响进度控制的诸因素中，开工前准备工作的深度和质量对进度控制有关键性的作用。在特许经营模式污水处理建设中，为了加快建设进度，一般由政府代替项目公司完成污水处理项目建设前期工作，这些前期工作主要有：项目的规划方案、规划选址、测绘勘察；项目建议书、可行性研究报告编制和审查批复；污水处理项目场地征地、所有地上构筑物和建筑物拆迁与土地平整、临时围墙的建设；负责污水处理项目场地以外污水处理项目所需的供水、燃气、雨水、电力、道路、污水处理项目进出水管线等市政设施的建设，临时用电接至规划红线处，临时用水接至规划红线处，临时进场道路建设至红线处。向项目公司提供所有有关污水处理项目场地的土地或其周围的适用性或状况的必要文件、材料或其他资料。由于前期工作的深度和质量问题，建设工期确定不合理，政府提供的施工准备工作完成不足；未按计划向项目公司提供工程建设所需的技术资料；或提供的污水处理项目的地质初勘报告，有关污水处理项目场地的土地或其周围的适用性或状况的任何文件、材料或任何其他资料中含有错误、遗漏等。这些因素会导致建设进度的拖延。

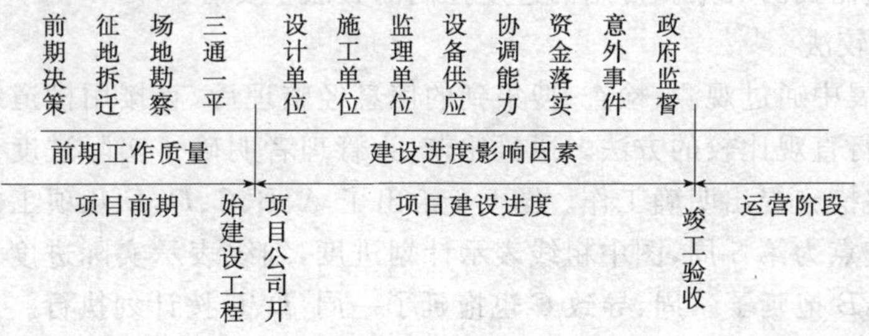

图 5-5　项目建设进度影响因素

2. 建设阶段的影响

污水处理项目特许经营前期工作结束以后，项目公司就进入从设计到施工的工程建设阶段，它是污水处理项目工程实体形成阶段，对工程总进度影响最大。污水处理项目从设计到施工都是由项目公司负责完成的，设计单位、承包商以及建设监理单位的选择都由项目公司完成。由于涉及的单位多，任何一个与项目建设有关的单位的工作质量和进度都会直接影响项目的建设进度。其影响因素有设计方面的原因，如设计交底不清；设计变更频繁，工程量变化大或返工次数多，设计单位对施工中出现的问题处理不及时，相互配合协调差。承包商方面的原因主要有：承包商对设计意图理解不够，施工组织设计不落实，管理混乱；施工技术方案变动频繁；施工质量和安全事故的发生以及与设计、项目公司配合不协调等。监理方面的原因：重视质量控制忽视了进度控制；监理工程师履行职责不力，未按照合同规定及时处理工程建设中出现的问题，决策不果断，甚至发布错误指令；与项目公司、设计单位和施工单位的配合协调差等。设备供应商方面的因素，如材料设备供应不及时等。项目公司本身的原因，如建设资金是否落实，项目公司与承包商等各单位应报批的各种报批手续是否完整齐备等。

3. 其他影响因素

项目公司在项目建设过程中，需要到相关政府部门办理与建设项目相关的报批手续工作以及接受相关职能部门的监督和检查，在建设期内政府部门有责任负责协调项目公司所有与政府部门的交往，而沟通的效果和协调能力，如设计图纸的审核报批、质量监督的申请、监督检查的程序和进度等，都将直接影响项目进度。其次，是不可抗力事件的影响，在项目设施建设期间，可能出现的雷电、干旱、地震、火山爆发、滑坡、水灾、暴风雨、海啸、热带风暴或龙卷风；流行病、饥荒或瘟疫；战争行为、入侵、武装冲突或外敌行为、封锁、暴乱、恐怖行为或军事力量的使用；或者由项目公司正在使用的任何土地上发现考古文物、化石、古墓及遗址、艺术历史遗物及具有考古学、地质学和历史意义的任何其他物品等不可抗力事件。由于不可抗力事件的影响，导致项目无法按计划完工。

三、污水处理项目特许经营进度控制方法

进度控制的方法是将项目的实际进度与计划进度进行比较，确定实际进度与计划进度不相符合的原因，进而找出对策。常用的进度控制的方法主要有：

1. 甘特图比较法

将在项目进展中通过观测、检查、搜集到的信息经整理后，直接用横道线并列标于原计划的横道线一起进行直观比较的方法。通过比较，为管理者明确了实际进度与计划进度之间的偏差，为采取调整措施提出明确工作。图 5-6 给出了 A、B、C、D、E 几项工作在 8 周内的计划及执行情况，检查点为第 5 周，图中粗线表示计划进度，细线表示实际进度。从图中可以看出 A 按计划执行了，B 拖延了一周、导致 C 也拖延了一周，D、E 按计划执行。

2. 实际进度前锋线比较法

前锋线比较法是从计划检查时间的坐标点出发，用点划线一次连接各项工作的实际进度点，最后到计划检查时间的坐标点为止，形成前锋线（图 5-7）。根据前锋线与工作箭线交点的位置判断项目实际进度与计划进度偏差。

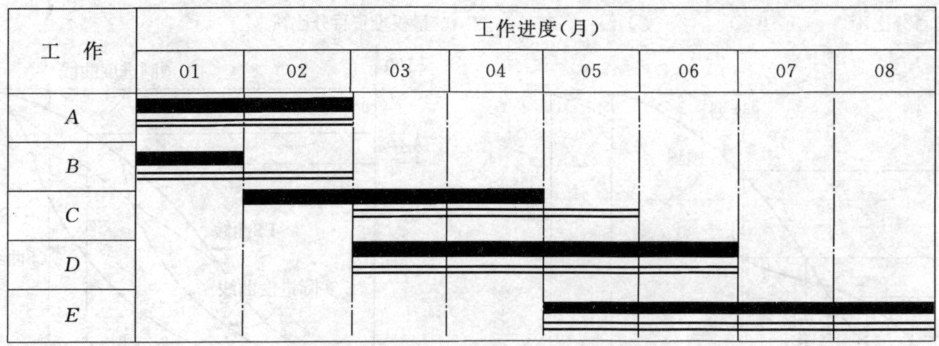

图 5-6　施工进度甘特图

3. S形曲线比较法

是以横坐标表示进度时间、纵坐标表示累计完成工作量而绘制出的一种按计划时间累计完成工作量的S形曲线(图 5-8)。用S形曲线可以将项目的各检查时间实际完成的工作量与S形曲线进行实际进度与计划进度比较，既可以获得进度控制的有关信息，以便分析进度延迟或提前的原因，制定相关的控制政策。

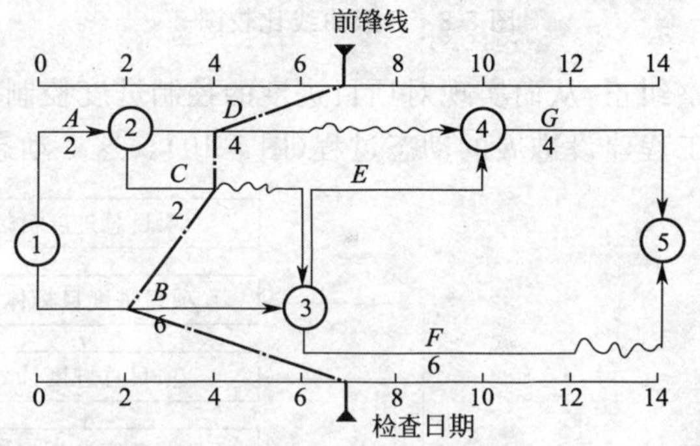

图 5-7　实际进度前锋线比较法

4. 香蕉形曲线比较法

香蕉形曲线是有两条S形曲线组合而成的闭合曲线。对于一个项目的网络计划，在理论上可以分为最早和最迟两种开始和完成时间。因此，任何一个项目的网络计划，都可以绘制出两条S形曲线，即以最早实践和最迟时间分别绘制出的相应的S形曲线，分别成为ES曲线和LS曲线(图 5-9)。然后按实际进度绘出实际进度曲线，利用实际进度曲线于向郊区县进行比较，可以发现工程进度计划地执行情况，以便采取相应措施进行控制。

5. 列表比较法

采用无时间坐标网络计划时，在计划执行过程中，记录检查时刻正在进行的工作名称、已经耗费的时间和尚需要的时间，然后列表计算有关参数，根据计划时间参数判断实际进度与计划进度之间的偏差。

四、污水处理项目特许经营建设进度控制程序

1. 建设项目进度控制的一般程序

传统污水处理项目建设进度的控制是通过制定项目总进度目标，对项目总进度目标进行分解建立项目进度目标体系，制定项目总进度计划并组织实施。通过对项目总进度计划执行管理与信息反馈，将进度计划与实际进度完成目标值的比较，找出偏差及其原因，采取措施调

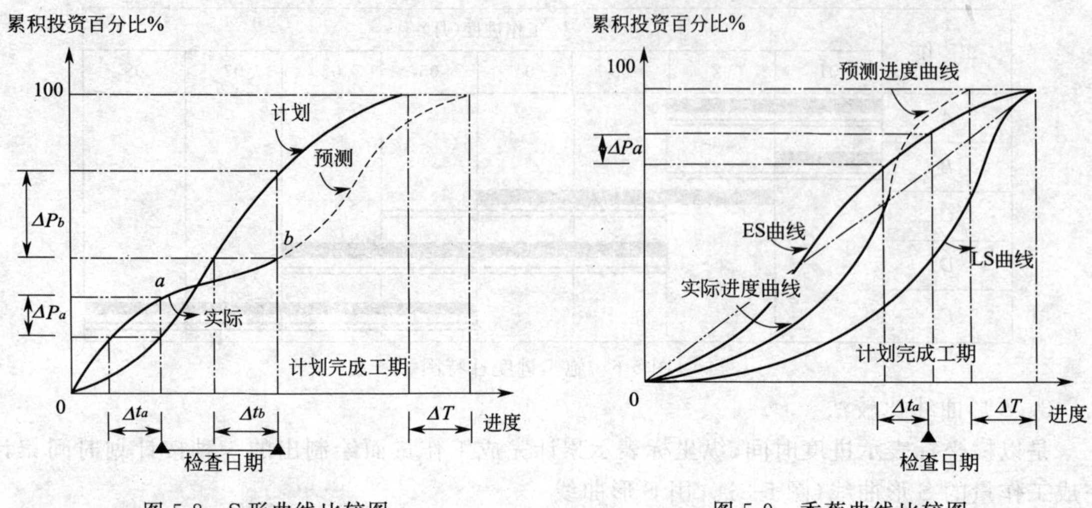

图 5-8　S形曲线比较图　　　　图 5-9　香蕉曲线比较图

整纠正，从而实现对项目进度的控制进度控制是反复循环的过程，体现运用进度控制系统控制工程建设进展的动态过程(图 5-10)。这一动态过程的控制是通过监理工程师实施控制的。

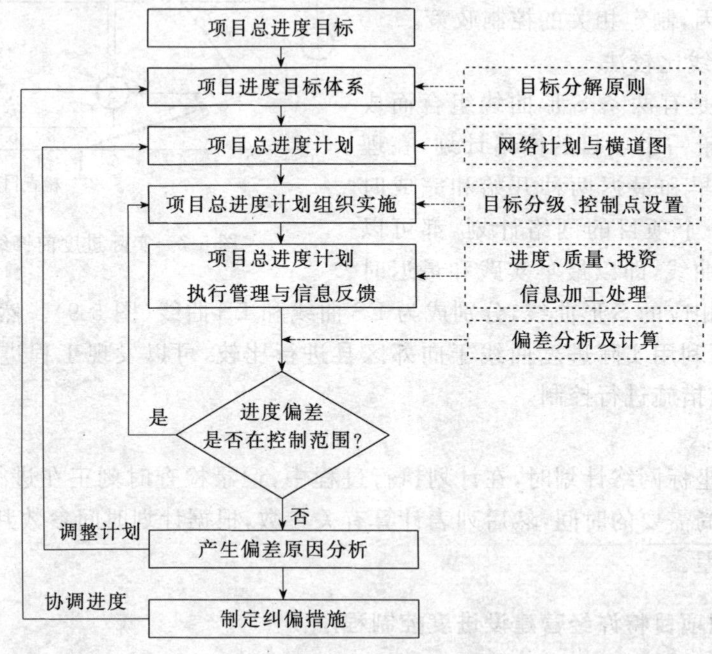

图 5-10　进度控制一般程序

2. 污水处理特许经营进度控制程序

与传统进度控制不同，污水处理项目特许经营建设，建设阶段的所有建设活动，包括监理公司的选择，都是由投资人决定和控制的，政府并不直接参与项目的组织实施，也不是通过监理工程师控制项目的进度。政府进度控制的过程也是通过制定项目总进度目标，指导和建立目标体系，制定进度计划并组织实施和控制，保证项目目标的实现。项目总进度目标分为特许经营前期进度目标和建设期目标，政府前期工作对建设进度有重要的影响，特许经营前期进度计划由政府组织实施并进行控制，进入建设阶段，建设阶段的进度目标有项目公司根据项目总进度目标制定并组织实施和控制，政府进度的控制是通过与项目公司的协议监督和控制项目公司的各种活动，保证项目公司按照计划进度完成项目，及时投入运营。其进度控制的一般程序如图 5-11 所示。

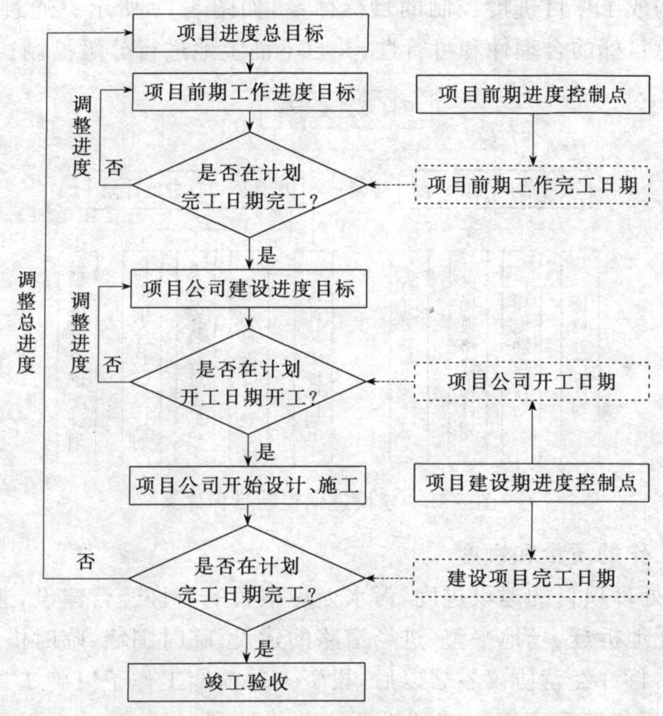

图 5-11　特许经营建设进度控制程序

(1)确定进度控制目标

科学合理的工程进度目标是进度控制的依据，合理确定建设进度目标是对工程项目建设进度控制的关键。项目进度目标确定是否合理，将直接影响到项目建设进度计划的组织实施和控制效果。污水处理项目建设进度目标确定的主要依据有：已经审批的项目建议书、可行性研究报告、项目投资计划及其他有关批文；国家或地方制定的有关工期定额；类似污水处理项目竣工资料提供的建设进度控制信息。

工期目标包括：总进度计划实现的总工期目标；各阶段进度计划实现的分阶段目标；各分项进度计划（采购、设计、施工等）实现的工期目标。合理确定总进度目标，是对项目建设进度控制的关键。确定总进度目标，应根据政府对建设项目的建设要求，建设条件和国家对基本建设计划的宏观调控，编制项目总进度计划、年度计划，作为对建设项目进度目标控制的依据。

(2)建立进度控制目标体系

以政府的总进度目标作为污水处理项目建设总进度目标，自上而下进行目标分解，分解为政府前期工作计划和项目公司建设进度计划，政府前期工作计划分解为项目的征地拆迁计划、场地勘查计划、进场道路和临时围墙、临时用水、用电建设计划；项目公司根据与政府签署的特许经营协议确定的项目总进度目标，制定项目公司的建设总进度计划，各参与建设方依据项目公司的总建设进度计划分别确定设计进度计划、施工进度计划、设备安装进度计划、物资供应计划等，这些计划构成了项目进度控制的目标体系，如图 5-12 所示。通过进度目标体系的设定，确定项目进度总目标的合理性和可行性，并自下而上地进行分级控制。

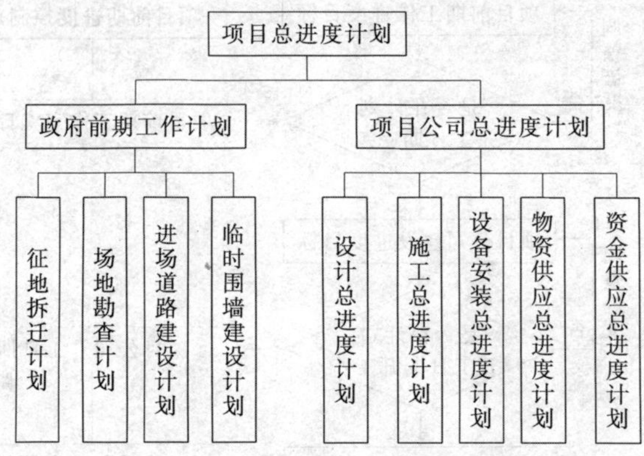

图 5-12 建设进度控制目标体系

(3)加强前期工作的质量和进度

为了加快污水处理项目的建设进度，污水处理项目的特许经营建设，通常把污水处理项目建设前期工作，如征地拆迁、场地平整、进场道路的建设、临时围墙、临时供水、供电等工作交由政府部门前期完成，特许经营协议签署以后，投资人对前期工作予以确认并支付相应的前期费用。前期工作的质量和进度直接影响到投资人建设阶段的进度，必须加强前期工作的质量。做好招标工作，严格招标，优选承包人是前期工作顺利进行的保证，为建设阶段创造良好的建设条件。由于特许经营招标及合同谈判阶段时间相对较长，为了加快建设的进度，可以在项目的可行性研究结束后，在特许经营招标阶段即开始进行前期工作，把初步设计工作直接委托设计单位进行，便于特许经营协议签署以后项目公司顺利开展各项建设活动。政府前期进度控制程序如图 5-13 所示。

(4)项目公司建设阶段的项目进度控制

1)严格审核项目公司进度计划

项目公司在合同要求的时间内应向政府机构提交符合合同要求的工程总进度计划，接到承包人提交的工程进度计划之后，政府机构应组织相关专业人员对进度计划进行认真审核，检查工程进度计划是否合理，有无可能实现，是否适合工程的实际条件和现场情况。对于污水处

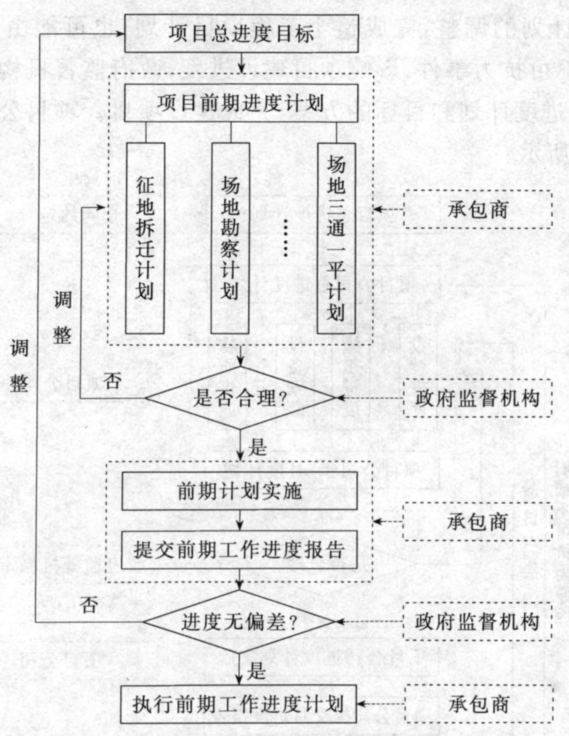

图 5-13　前期工作进度计划的控制程序

理项目建设来说,仅用工程项目总进度计划控制进度是不够的,还需要项目公司编制年度和月进度计划。月进度计划是年进度计划实现的保证,而年进度计划的实现,又影响着总进度计划的实现。另外,某些单项工程如污水处理项目的曝气池、沉淀池等工程进度常常关系到整个工程项目总工期的长短,因此,在进度计划的编制过程中要求单独编制重点单项工程进度计划,单项工程进度计划应服从工程总进度计划,并且与其他单项工程按照一定的组织关系统一起来,否则,一个单项工程没有按计划完成,就会影响到进度控制总目标的按期完成。

2)进度计划实施与监督

在工程实施过程中,项目公司应在合同规定的时间内向政府监督机构提交污水处理项目建设上月的工程进度报告和监理月报,该报告应合理地详细说明已完成的和在建的建设工程情况、其余的进度日期的进展情况、预计完成工程的时间以及政府监督机构合理要求的其他事宜。

政府监督机构应密切注意计划进度与实际进度间出现的偏差,加强与项目公司的协调与沟通,分析进度偏差的原因。属于政府方面的原因,可能政府前期工作质量低下,如勘查资料不符合实际,提交的资料不全面、有误等,或者政府相关部门办事效率低下,造成进度拖延,应当据实予以调整进度目标,补偿延误的工期;对于项目公司方面的原因造成的进度拖延,应促使项目公司及时调整年度、月度和单项工程计划进度与实际进度间出现的差距,通过对年度、月度和单项工程进度计划的调整，完成整个工程项目计划；也可能由于发生了疾病、气候、气象、战争、动乱等一些不可抗力事件，影响项目建设进度，政府监督机构需要通过与项目公司进行协商，共同提出调整进度计划和目标的方案，完成建设项目。项目公司建设阶段的政府进度控制的程序如图 5-14 所示。

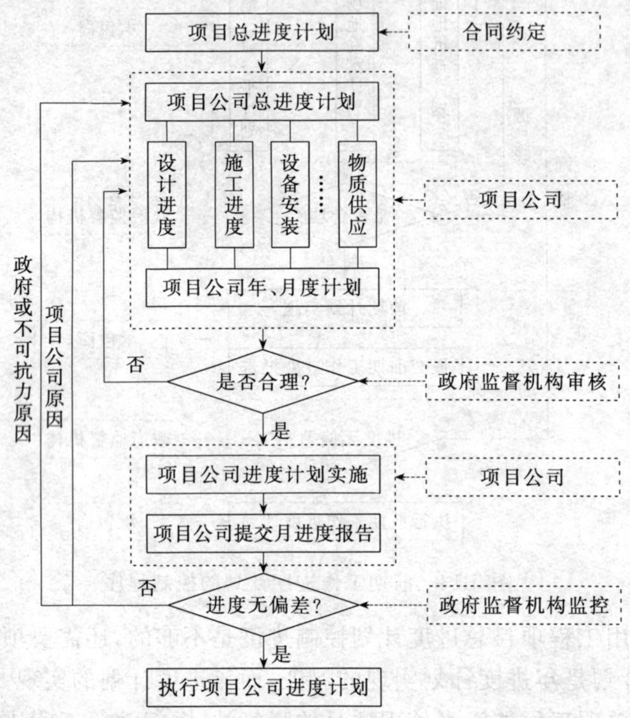

图 5-14　建设阶段政府进度控制程序

3)建立进度控制的约束激励机制

有效地约束激励机制，将极大地调动项目公司的积极性，大大加快建设进度。目前一般污水处理项目的特许经营期都是分为建设期和运营期两个部分，项目的建设期与项目的运营周期是独立的，运营周期从项目完工之日起开始计算。这种安排显然对投资人缺少有效的激励和促进作用，因为即使项目提前完工，也无法及时投入运营，及早获得收益。有效的激励手段是在特许经营协议中把建设期包含在特许经营期之内，如果项目公司可以提前竣工，在配套管网建设到位的情况下可以及早投入运营，投入运营带来的收益应该归投资人所有。相反，由于项目公司的原因造成进度拖延，不能按建设计划完工和投入运营，由此造成运营时间拖后，拖延的时间应该在其运营周期内，即运营周期相应缩短，造成的损失应该由投资人自己承担。这样能够充分调动投资人的积极性，促使投资人可以加快建设速度，及早完成建设项目，发挥投资效益。

4)加强政府部门与项目公司的协调沟通

污水处理项目建设阶段，项目公司必然与政府质量监督部门、市政、环保等相关部门发生联系，政府部门的办事效率直接影响到项目的进展速度。因此，为了加快项目的进度，政府监督机构有责任协调政府部门和项目公司之间的关系，从而有助于项目的进度计划的顺利实施。

第四节　污水处理项目特许经营建设质量控制

一、污水处理项目的建设质量形成及特点

1. 污水处理项目建设质量要求

污水处理项目作为工程建设项目，项目质量是国家现行的有关法律、法规、技术标准、设计文件及工程合同中对工程的安全、使用、经济美观等特性的综合要求。污水处理项目项目的质量要求表现为适用性、耐久性、安全性、可靠性、经济性以及与环境的协调性。项目满足污水处理的功能；在规定条件下，满足正常污水处理要求使用的年限；污水处理项目建成以后再使用过程中能够保证结构安全、保证人身和环境免受危害；从规划、勘察、设计、施工到投入运营的全寿命周期内的成本和消耗费用合理；并与周围的生态环境相协调。

2. 污水处理项目建设质量特点

(1)影响因素多、质量波动大

工程决策、设计、材料、机械、环境、施工工艺、管理制度以及工程参与人员素质等均直接或间接地影响工程质量，工程建设不像一般工业产品的生产那样，在固定的生产流水线有规范化的生产工艺和完善的检测技术，有成套的生产设备和稳定的生产环境，因此项目质量影响因素多、任一因素的变化都会带来质量产生波动，质量波动较大。

(2)隐蔽性强、终检局限性大

由于分项工程多、中间产品多、隐蔽工程多，工程质量具有很强的隐蔽性。对一些存在的质量问题，表面上质量尽管很好，但这时可能已经存在很大的质量隐患。特别是对工程质量的评价是通过检查和最终评定验收，工程质量问题在终检时往往很难通过肉眼判断出来的，有时即使用检测工具，也不一定能发现问题，因此质量具有隐蔽性强，终检局限性大的特点。

(3)工程质量对社会环境影响大

污水处理项目是城市最重要的基础设施项目，对于城市经济发展和居民生活具有重要的作用。工程质量不仅直接影响投资效益的发挥，而且直接影响人民群众的生产和生活，影响社会可持续发展的环境。因此，关注工程质量的不仅仅是工程使用者，而是整个社会。

(4)工程质量是在建设各阶段中形成

工程项目具有周期长的特点，工程需要经历工程规划、决策、设计、施工等若干阶段，一定周期才能完成。工程建设的每一阶段对工程质量的形成都会产生重要的影响，并且工程建设各阶段紧密衔接，互相制约。所以，在工程建设的各个阶段都需要加强质量的控制。

3. 建设质量形成过程及其影响

(1)可行性研究阶段

污水处理项目可行性研究是运用技术经济学基础，对各种可能的拟建方案和建成投产后的经济效益、社会效益和环境效益等进行技术经济分析、预测和论证，确定项目建设的可行性，并在可行的情况下提出最佳建设方案作为决策、设计的依据。在此阶段，需要确定工程项目的质量要求，并与投资目标相协调。因此，污水处理项目的可行性研究是确定项目目标和水平的依据，直接影响项目的决策质量和设计质量。

(2)立项决策阶段

污水处理项目项目决策阶段，是在项目建议书的基础上，通过可行性研究、项目评估，对工程项目的方案做出决策，使项目的建设充分反映业主的意愿，做到项目的投资、进度、质量三大目标达到协调和平衡，确定工程项目应达到的质量目标及水平。因此，项目决策阶段是影响工程项目质量的关键阶段，最能充分反映业主对质量的要求和意愿。

(3)勘察及设计阶段

工程勘察、设计是工程项目质量目标和水平具体化，勘察、设计阶段的质量是决定工程项目质量的关键环节，工程场地选择、地质勘察、设计在技术上是否可行、工艺是否先进、平面及空间布置、结构类型选用、经济是否合理、设备是否配套、结构是否安全可靠等，都将决定着工程项目建成后的使用价值和功能，关系到工程主体结构的安全可靠。勘察、设计的合理性和严密性决定了工程建设的成败，是建设工程项目安全、适用、经济与环境保护等措施得以实现的保证。因此，设计阶段是影响工程项目质量的决定性环节。

(4)建设施工阶段

施工阶段是根据设计图纸的要求，通过施工手段形成工程实体的过程。任何优秀的勘察、设计成果，只有通过施工才能变为现实，设计意图才能体现，因此施工阶段直接关系到工程的安全可靠、使用功能的保证，在一定程度上，工程施工是形成实体质量的决定性环节，影响工程的最终质量。

(5)竣工验收阶段

竣工验收是对项目施工阶段的质量进行试车运转、检查评定，考核质量目标是否符合设计阶段质量要求，是否符合决策阶段所确定的质量目标和水平。竣工验收是工程建设向生产移交的必要环节，影响工程能否最终形成生产能力，体现了工程质量水平的最终结果。

二、污水处理项目特许经营建设质量控制的意义

工程质量控制就是为了保证达到工程合同规定的质量标准而采取的一系列措施、手段和方法。污水处理项目质量关系到工程投资效益、社会效益和环境效益，工程质量的优劣，不仅影响污水处理项目能否正常运行，而且影响污水处理项目运行质量和服务寿命，危及城市居民生活环境质量，影响国民经济发展质量。保证和提高项目质量的重要手段就是有效进行项目的质量控制。污水处理项目特许经营建设投资来源于投资人，在特许经营的实施阶段，投资人只是污水处理项目的名义上的业主，但是污水处理项目作为城市公用基础设施，所有权属于政府，特许经营期满以后，投资人需要将项目移交给政府机构，政府是污水处理项目的最终业主，

污水处理项目的经济效益和使用寿命直接关系着居民的切身利益，政府是污水处理项目的服务对象在特许经营建设阶段的全权代表，对污水处理项目质量控制起着主导性作用，政府对污水处理项目的建设质量控制具有义不容辞的责任。加强政府对污水处理项目建设质量控制管理，是从根本上实现污水处理项目经济、效率最有效的途径。

三、工程质量控制的主要任务

工程质量控制的任务就是根据合同规定的工程建设各阶段的质量目标，对工程建设全过程的质量实施监督管理，确保污水处理建设质量符合确定的质量目标要求。工程质量问题是参与工程建设各方共同利益之所在。搞好工程质量控制，是有关各方共同的责任。根据污水处理项目特许经营的建设程序(图 5-1)可以分为特许经营前期和特许经营实施阶段两个阶段。前期工作由政府完成，特许经营实施阶段的工作完全由投资人完成，根据特许经营项目的特点，责任控制的主体在前期和实施阶段不同，前期质量责任主体为政府，实施阶段质量责任主体为投资人成立的项目公司，因此两个阶段的政府质量控制内容也不相同。因此两阶段质量控制任务呈现不同特点。

1. 特许经营前期质量控制任务

特许经营前期阶段主要是由政府规划发展部门完成项目决策、提出项目建议书、进行可行性研究并提出设计任务书，完成特许经营招标选出项目投资人。前期控制主要是通过直接审批项目的建议书和可行性研究报告，以及项目的用地和厂址的选择等加强决策的正确性，质量控制的根本任务在于通过质量控制明确质量目标，确保质量目标的正确性。

2. 特许经营建设质量控制任务

特许经营政府建设质量控制主要包括建设前期和建设阶段的质量控制。而特许经营建设质量控制主要是通过监督项目公司的各项建设工作程序和质量从而控制项目质量。根本任务是以质量控制为纽带，协调与项目公司关系，加强对监理、设计、施工的质量控制，监督合同履行和国家强制性标准执行情况，保证工程达到预期的质量目标。

四、质量控制的基本程序

工程质量的控制必须遵循科学的程序，质量控制的基本程序采用 PMRC 循环，质量的控制就是按照这个循环控制程序制定质量控制措施。PMRC 循环如图 5-15 所示，分为四个阶段：

第一阶段为工程质量计划阶段(Plan)，主要是确定项目质量目标、项目实施方案以及相关的活动计划。主要在工程的前期决策阶段。

第二阶段为质量的监督检查阶段(Monitoring)，按照计划实施的过程中，进行质量的监督和检查。

第三阶段为质量报告阶段(Reporting Deviations)，根据监督检查的结果，发出偏差信息。

第四阶段为质量纠偏阶段(Corrective Action)，责成质量责任主体采取纠正行动，同时检

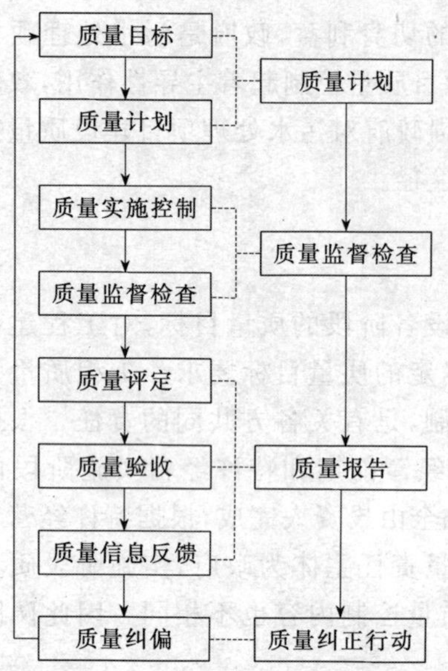

图 5-15　质量控制基本程序

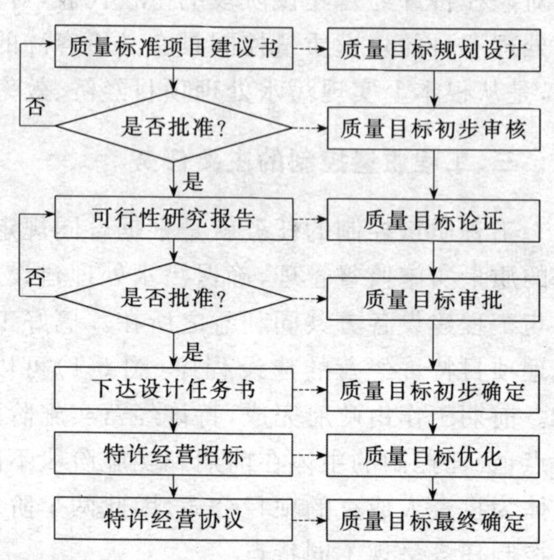

图 5-16　特许经营前期质量控制程序

查措施落实情况和效果，并进行信息反馈。

1. 污水处理项目特许经营前期建设质量控制

(1)污水处理项目特许经营前期建设质量控制程序

污水处理项目建设特许经营前期，也是项目的决策阶段，项目决策阶段是影响工程项目质量的关键阶段，政府质量控制的工作主要是质量目标的论证、审核和最终确定。前期质量控制的基本程序如图 5-16 所示。大致经过三个阶段，通过对项目建议书的审核，对项目的质量目标初步审批；通过对项目可行性研究报告的审核，初步明确质量目标；在特许经营招标阶段，经过投标人的充分竞争选择质量标准优秀的投资人，最终以特许经营合同方式确定项目的质量目标。

(2)污水处理项目特许经营前期建设质量控制方法

1)严格审查项目建议书

项目建议书的编制大多由政府机构委托咨询单位负责，通过粗略的考察和分析提出项目的设想和对投资机会的评估。对项目建议书的审查是质量控制的第一步工作，重点审查：项目论证重点是否符合国家的建设方针和国民经济长期发展规划要求、产业政策要求；是否符合生产力布局及产业结构调整方向和范围；项目论证所依据的宏观信息，如国家的国民经济和社会发展规划、行业或地区发展规划、产业政策、技术政策等是否可靠、有效、合理；对项目市场需求的论证理由是否充分，采用的市场预测及分析技术方法是否可行；对建设地点的论证是否合适，有无不合理的布局或重复建设；对项目的财务、经济效益的粗略估算是否合理，经审查成立以后报上级有关部门立项批准。

2)提高可行性研究的质量

在可行性研究阶段,项目建议书通过主管部门批准以后,政府有关部门即委托工程咨询单位组织编制建设项目的可行性研究报告,开展可行性论证工作。可行性研究报告是项目投资决策的重要依据,可行性研究报告的质量直接影响到决策的正确性,因此,控制可行性研究报告的质量是项目投资决策成功的关键。项目可行性研究控制的好坏,将对未来项目的质量产生重大的影响。政府对项目可行性研究的监督是政府从项目本身的角度来控制建设工程质量的重要环节。可行性研究报告完成后,政府机构应组织专家对报告进行严格审查和评价,审查评价的目的是确定可行性研究报告的真实性、可靠性、计算正确性,以及最终研究结论所确定的投资机会选择的合理性。经审查通过后报送主管部门审批。

3)严格招标程序优选投资人

可行性研究报告一旦批准以后,就可以开始进行特许经营招标。在招标阶段,各投资人为了能够获得特许权,必将充分利用自身的技术优势和管理经验等对项目的技术方案进行充分优化,选择先进合理的技术工艺和先进的管理方案,因此,在招标阶段必须严格招标程序,鼓励投资人积极发挥自身技术优势,优化技术方案,选择合理的评价方法,根据技术方案、融资方案、人事组织方案、法律方案以及运营为化方案等进行综合评价,确保选出有实力的优秀的投资人。从而有利于项目质量目标的优化,以特许经营协议形式明确质量目标,并以此为依据保证项目质量目标的实现。

2. 特许经营建设阶段质量控制

(1)特许经营建设阶段质量控制程序

特许经营污水处理项目建设阶段,投资人组建的项目公司是质量形成的责任主体,项目公司承担了从项目的设计单位选择、项目设计,施工单位的选择和施工,设备承包商的选择和施工,以及监理单位的选择和监理工作的开展等所有建设工作,政府对质量的控制是通过对项目公司的行为和工作监督、审批进行的,政府质量控制的重点首先在于设计、施工、设备供应、监理单位的选择的监督审核,其次在于对各建设单位的工作成果审核批准,依据合同对项目公司的行为和工作程序监督控制,施工阶段通过政府认可的第三方——政府质量监督机构,依据法律法规和工程建设强制性标准对工程进行监督管理,具体的工程施工质量控制和监督工作由监理单位负责监督和控制。质量控制的基本程序和流程如图 5-17 所示。

(2)特许经营实施阶段质量控制方法

1)加强各建设相关单位的选择监管

对各承包商的选择是质量监督和控制的首要工作,承包商的技术力量、组织管理水平对项目的质量目标的实现有重要的影响。由于特许经营实施阶段,投资人成为了污水处理项目项目的实际业主,设计承包商、施工承包商、设备供应商等各承包商的选择都是由投资人成立的项目公司完成,监理单位的选定也是由投资人负责,特别是对有些投资人来说,有可能本身既是投资人,又具有设计、施工队伍,这样就会形成投资人建设质量无法有效监督管理的状况。作为污水处理项目的最终业主,政府必须加强对投资人的监督管理,确保建设质量。政府尽管

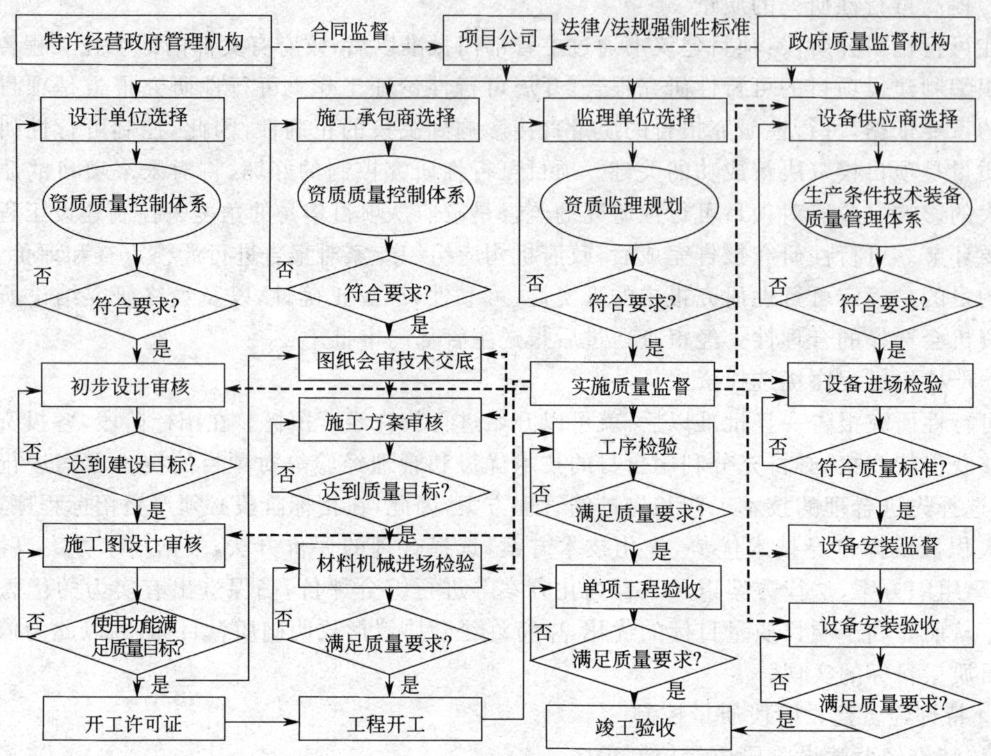

图 5-17　特许经营建设阶段政府质量控制程序

不能干预投资人的具体运作和工作，但是可以通过合同约束，有权运用审批程序，监督各承包商的选择，严格审查和核准设计单位、施工承包商的资质和质量保证体系，设备供应商的生产条件、技术装备和质量保证体系，审查监理单位的资质和监理规划，对资质不符合要求和质量管理体系不健全的单位不予审批，由此造成的损失和工期延误完全有投资人承担。

2)加强设计阶段的质量控制

设计阶段质量控制重点为初步设计审核和施工图设计审核。政府监管机构应参与项目公司对初步设计的审查，审查目的是通过对初步设计规划的质量目标、进度目标和投资目标的综合评价，全面评价初步设计是否达到建设项目的目标。审核后报政府主管部门审批。施工图设计的审查重点是使用功能是否满足质量目标要求。保证各专业设计之间的协调；保证设计文件、图纸符合现场和施工的实际条件，其深度应能满足施工的要求；保证各部分的设计符合决策阶段确定的质量要求；保证各部分的设计符合有关技术法规和技术标准的规定。

3)加强施工阶段的质量监督

施工阶段是工程质量控制的关键环节。政府对质量的控制是通过政府质量监督机构实施监督。建设工程质量监督机构是经省级以上建设行政主管部门或有关专业部门考核认定的独立法人，依据法律、法规和工程建设强制性标准对工程质量实施监督管理。主要手段是施工许可制度和竣工验收备案制度。主要任务是根据政府主管部门的委托，进行建设项目质量监督，检查施工现场工程建设各方主体的质量行为，包括各方主体及有关人员的资质和资格；设计、施工、监理单位的质量管理体系和质量责任落实情况；有关质量文件、技术资料是否齐全并符合规定。检查建设工程实体质量，对工程设计结构安全的关键部位实地抽查，对工程的主要材料、构配件质量抽查，对分部分项工程质量验收，监督工程竣工验收等。具体工程施工中的质量控制包括材料检验、设备采购与安装监督、工序的检验与控制、隐蔽工程的检验等由监理单位负责。质量监督部门只是采取定期不定期抽查的方式进行监督与控制。

4)严格竣工验收

工程竣工验收阶段是工程质量控制的最后一个重要环节。竣工验收的质量优劣，直接影响工程项目交付使用的效益和效用。污水处理项目竣工验收包括工程竣工验收和性能测试两个环节，竣工验收可以全面考察污水出处理厂的建、构筑物、设备安装等的施工质量，通过严格验收确保竣工验收依据充分，程序合法，全面准确反映工程质量，对于检验不合格的工程，做出加固返修的决定，直到合格方能交付使用，确保工程项目的质量。性能测试是项目转入投产使用的必备程序，项目最终完工后由项目公司通知政府部门进行性能测试，以确认项目的性能符合协议和适用的法律规定的设计标准和规范；性能测试完成之后，应对测试的结果进行确认，如果项目设施未通过性能测试，则要求项目公司采取必要的改正措施，重复进行检查和测试，确保项目质量符合协议和适用的法律规定的设计标准和规范。项目公司应对纠正行为而增加的费用或发生的错误负责，并承担双方因重复性能测试而发生的费用。

污水处理特许经营项目运营管理

城市污水处理项目投资和建设只是开始，关键在于运营。运营管理是特许经营管理的重要内容，运营监管是否有效直接影响到特许经营的成功与否。运营管理主要包括污水处理运营服务质量监管和运营服务价格监管以及安全运行监管三个方面，在保证污水处理运营服务质量的前提下，不断提高污水处理的运营效率，降低污水处理成本，确保污水处理厂安全、稳定运行，污水处理服务费支付合理，更好地为公众服务。

第一节　污水处理特许经营项目运营监管

一、运营监管的必要性

1. 污水处理项目公益性的客观要求

城市污水处理设施是重要的市政公用基础设施，是城市供水、节水以及治污工作的重要方面。加强监管，保证城市污水处理项目的正常运行，不仅关系到资金投入的效益，而且直接影响到城市的生态环境，关系到城市居民的切身利益，关系到城市经济的可持续发展。

2. 政府本身的职责所在

特许经营下城市污水处理的成本与收益，无论是通过税收支付还是通过水费支付，最终都是公众支付的。但是，由于城市污水处理相对垄断经营方式的制约，污水处理的付费是一种连产品都不能见到的消费支付，作为费用支付方的消费者无法通过竞争性选择，来直接监管污水处理服务质量，更无法有效控制成本与收益。城市污水处理的这种公众无力有效监管的产业形式，决定了政府作为公众代表，肩负着重大的监管责任，政府需要对公众支付费用的有效性负责。

3. 确保污水处理项目的良好运行

污水处理特许经营，投资人并不拥有完整意义上的资产所有权，资产所有者属于政府，特许期满后这些资产要无偿移交给政府机构，如何保证这些资产在运营期的良好运行，确保移交时的污水处理资产处于良好的运行状态，也离不开政府的有效监督和管理。因此，污水处理的特许经营政府管理不仅需要关注项目的投资和建设这一阶段目标，更应该关注于稳定安全和高效率的运营。

二、特许经营运营监管内容

1. 服务质量监督

污水处理运营服务质量监督包括污水处理水质监管、水量监管以及安全运行监管。水质监管包括污水处理进、出水水质监管；污水处理的水量监管；安全运行监管主要是对项目公司运营维护管理制度和行为的监督管理，包括污泥、气体排放和噪声达标排放，保证污水处理运营服务的可靠性和稳定性等。

2. 服务价格管理

包括明确界定特许经营污水处理服务价格构成药；确立有效合理的特许经营定价机制；建立有效合理的特许经营价格调整机制。

3. 安全运行监督

安全运营监管包括对项目公司的运营安全稳定性监管；对污水处理设施的维修与重置监管和是设施移交监管。

三、特许经营运营监管模式

特许经营运营阶段，政府主要通过国有资产监督管理部门和政府指定的机构对项目公司进行监督管理。国有资产监管部门主要对污水处理厂的资产保值增值情况进行监管，指导推进原有污水处理企业改革和重组。政府指定的机构一般是由政府委托市政公用局或者是城市建设局等单位代表政府与投资人或项目公司签署特许权协议，并对项目公司的运营服务实施行业监管，包括运营服务质量监管、运营服务价格监管和资产经营管理等。运营监督管理模式如图 6-1 所示。

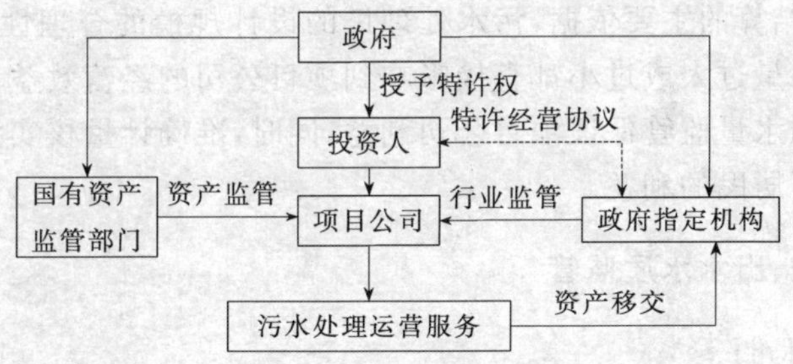

图 6-1　污水处理特许经营运营监管模式

第二节　运营服务质量监管

一、运营服务质量要求

污水处理项目的运营服务质量是指污水处理的水质、水量和污泥处置、气体排放、噪声等，满足要求的污水处理的安全性、可靠性。运营期间，项目公司必须根据公认的行业准则和惯例，对污水处理的运营和维护提供全面的服务，包括：连续、有效、安全、稳定地运营污水处理厂;根据规定的出水水质要求,并遵守国家及地方政府颁布的有关法律法规以及规章制度和技术标准进行污水处理;根据国家及地方政府颁布的规章制度要求进行采样、实验室分析、制作报告,并为采样、测试、分析提供质量控制、保证程序;对污水处理厂产生的所有污泥和其他固体废弃物(栅渣、浮渣、沉砂及油脂),提供收集、运输及妥善处置服务;根据国家行业标准、土建承包商及设备制造商的指导及操作手册,对污水处理厂的所有设备仪表和设施提供必要的测试、修理、维护和调校,对厂内所有建筑物和地面提供定期和标准的维修保养,以保证能够稳定可靠地运营。

二、运营服务质量监督任务

1. 保证污水处理项目的安全正常运营

由于污水处理项目对进水水质有一定的要求,如果排入城市污水处理厂的污水水质超过了城市污水处理厂所能承载的负荷,城市污水处理厂的处理出水也就无法达到国家或者地方规定的标准,而且城市污水处理厂对重金属和一些有毒、有害物质没有处理能力;安全运行监管主要是对项目公司运营维护管理制度和行为的监督管理,包括污泥、气体排放和噪声达标排放,保证污水处理运营服务的可靠性和稳定性等。

2. 评价特许经营企业的服务水平

污水处理的出水水质是衡量污水处理服务质量的核心指标,也是项目公司污水处理质量根本评定指标,通过对出水水质的监管确保污水处理出水符合规定的出水标准。

3. 保证投资人和居民利益不受损失

污水处理的水量既是衡量项目公司污水处理能力的指标,也是项目公司与政府指定机构办理污水处理服务费结算的主要依据,污水处理厂的设计规模的合理性对于污水处理运营产生重要影响,实际污水量过大或过小都直接影响到项目公司的经营效益,导致项目公司利益受到损害,通过污水处理水量监管保证项目公司利益,同时,准确计量核实污水处理量,据此支付污水处理费,也保证了居民的利益。

三、污水处理厂进、出水水质监管

1. 进、出水质量标准

污水处理厂的进水质必须严格按照《污水排入城市下水道水质标准》(CJ 3082—1999)以及《污水综合排放标准》(GB 8978—1996)达标排放,环保部门应加大对污水排放点源的控制和管理,对污水超标排放的企业要加大超标排污费征收力度和处罚力度,以保证污水处理厂的正常运行。污水处理出水必须按照《城镇污水处理厂污染物排放标准》(GB 18918—2002)、《城市污水处理厂污水污泥排放标准》(CJ 3025—93)执行。污水处理厂污水进、出水质量主要衡量指标有五日生化需氧量 BOD_5、化学需氧量 COD_{Cr}、悬浮物 SS、NH_4-N、磷酸盐,以日平均浓度的最高值为限制标准。进、出水质量应符合设计对主要污染物的控制浓度规定。

2. 进水、出水的水质检测

(1)检测机构

项目公司可以自行检测或委托经政府同意的有资质认证的检测机构进行水质监测。政府指定机构或其委托的具有国家计量认证资质(CMA)的排水监测机构将作为项目公司污水处理结果复核机构,对项目公司每月提交的出水水质等考核指标检测记录的复核结果将作为审核当月付费额的依据。

(2)水样的采集与保存

项目公司应自费分别在设施的进、出水计量点处安装自动比例采样装置,为监测机构提供混合污水样品。污水、大气、污泥、噪声等监测点设置、取样方法、频率、分析方法执行《城镇污水处理厂污染物排放标准》(GB 18918—2002)中的有关规定。水样的采集应满足国家标准《水质采样方案设计技术规定》(GB 12997—91)和国家标准《水质采样技术指导》(GB 12998—91)的要求;水样储存应满足国家标准《水质采样样品的保存和管理技术规定》(GB 12999—91)的要求。

(3)监测程序

进水和出水的水质应通过日常检测或在线检测确定。项目公司可以自行检测或委托经政府指定机构同意的具有正式资格的水质检测机构,按照协议要求的检测程序、办法、标准和频率,就污水处理厂进水水质进行连续的在线检测,对处理后的出水中对环境安全十分重要的指标:五日生化需氧量 BOD_5、化学需氧量 COD_{Cr}、悬浮物 SS、NH_4-N、磷酸盐,进行进水、出水的日常取样、检测和分析。项目公司应记录或促使记录每次日常检测和在线检测的所有结果,并在上述检测完成后的规定时间内向政府指定机构报告检测的结果。

(4)进水、出水水质超标的核定

如果进水水质中任何一项指标超出设计规定的五项主要的水质指标标准,则视为进水水质超标。如果任何一种出水水质指标超过出水质量标准,当日出水应视为超标。污水处理厂进水水质检测点为进水泵房前池,出水水质监测点为处理出水排放出口处。项目公司应将所有测试结果以及为此所做的其他有关调查的结果,立即书面通知政府指定机构。

就项目公司进行的任何日常检测,政府指定监督机构有权随时自行或委托具有正式资格的水质检测机构,进行一项或多项检测,以核实项目公司提供的结果。政府指定机构有权在任何时候亲自或委托有正式资格的水质检验机构对项目公司的检测程序、结果、设备和仪器进行现场检查,或者进行进一步检测。如果核实或检查的结果表明项目公司未履行其协议规定的义务,则项目公司应在相应承担违约责任的同时,负担政府指定机构或受委托的检验机构进行上述核实或检查的费用。反之,检测费用应由政府指定机构承担。

3. 进水水质超标的处理

(1)进水水质对污水处理出水的影响

城市污水处理厂设计时考虑的主要进水指标有 COD、BOD_5、SS、NH_4-N 和 TP,这些设计值大多是根据城市污水排放口的污水统计检测计算出来的,存在很大的局限性和时间上的不确定性，实际运行时的进水水质经常与设计值有较大的不同。实际进水水质的不同对污水处理的运营有很大的影响。如果实际进水浓度比设计值偏低，较低的污染负荷虽可降低运行成本，但有时可能对出水中的N、P指标产生不良影响。如果实际进水浓度偏高，在设计负荷下运行很难保证出水水质达标，影响出水的水质。在按处理污水水量结算费用的特许经营模式下，如果项目公司采取相应的技术措施，可以对超过合同约定值的污染负荷(COD、BOD等)进行处理并使出水水质达标，将大大提高处理成本。

(2)进水水质超标的处理

特许经营协议签订时应综合考虑实际污染负荷对污水处理成本和出水水质达标的影响，当污水处理厂实际进水水质与设计值不一致时，需要对项目公司运营成本进行调整。当实际进水水质和设计值出现差异时，可以进水五项指标负荷为基础进行污水处理费的调整计算，设某月某项进水指标实际污染负荷为β'_j，协议中约定的进水负荷为β_j，则由该项指标引起的费用调整计算公式为：

$$P_j=\left[\frac{\sum_{i=1}^{n}(\beta'_j\times Q_i)}{\beta_j\times Q_0\times n}-1\right]\times C_0\times n\times Q_0 \tag{6-1}$$

$$P_m=\sum_{j=1}^{4}P_j \tag{6-2}$$

式中 P_j——某月某项进水指标实际污染负荷引起的污水处理费的调整(元)；

Q_i——当月某日的污水进水量，m^3/d；

Q_0——协议中约定的污水进水量，m^3/d；

C_0——协议中约定的可变成本，元/m^3；

n——当月的实际天数；

β_j——协议约定的某进水指标污染负荷值，mg/L；

β'_j——当月某日的某项进水水质指标平均值，mg/L；

j——某项进水水质指标，COD或BOD_5、SS、NH_4-N、TP；

P_m——当月政府机构与项目公司污水处理结算费用调整额度，元。

当月政府机构与项目公司污水处理结算费用调整总额度为以上几项指标引起的费用调整的总和。需要注意的是，COD、BOD_5都是用来衡量需氧量指标，两项指标只需要计算污染物负荷高的一项。

如果当月实际的进水污染负荷总量大于协议中的约定值(即$P_m>0$)，则应对项目公司进行污水处理费用补偿；如果当月实际进水水质负荷总量小于协议中约定值(即$P_m<0$)，则支付给运营公司的结算污水处理费将相应减少。为了结算时具体执行方便，可以在特许协议中约定，当每月实际污染负荷总量与实际相差超过一定比例(如5%)双方才进行调整结算。如果进水水质持续较长时间(一般半年以上)超过协议规定的进水规格或国家污水处理排放标准提高，项目公司可向政府指定机构提出申请，通过改变或增加污水处理设施、工艺及设备等方式，

实现污水处理出水达标排放。项目公司实施更改方案引起运营成本或资本支出的增加，应尽快就方案更改及成本或支出的增加情况向政府指定机构汇报，在得到政府指定机构批准后，由政府指定机构向项目公司支付增加的费用，但因此形成的新增项目设施之所有权归政府所有，对其任何形式的处置均应按转让协议规定的有关原则进行。在未获得政府指定机构书面同意之前，项目公司不得实施更改方案。在解决方案未能确定和实施之前，且项目设施已按设计最大处理能力运行的情况下，项目公司免于承担未达标排放的责任。

4. 出水水质不达标的处罚

就协议规定的五项日常检测指标，如果政府指定机构或委托的水质检测机构在任何月份内的某一运营日进行有关核实，出水水质取样分析的结果不满足规定指标值时，则确认自政府指定机构上次核查日至本次核查日期间内不符合出水水质标准。除非由于不可抗力事件发生或政府指定机构违约或协议规定的其他情形，项目公司如未能在运营期间排放符合出水水质标准的出水，项目公司应向政府指定机构支付相应的罚金。罚金可以按照如下公式的计算：

$$F=\frac{\alpha_i}{N_i}\times P_0\times\sum_{i=1}^{n}Q_i \tag{6-3}$$

式中 F——政府指定监督机构或委托检测机构检测确认的出水标准不合格的区间内水质超标罚金，元；

α_i——政府指定监督机构或委托检测机构某次水质检测不合格指标数，个；

N_i——政府指定监督机构或委托检测机构某次水质检测指标总数，个；

Q_i——实际日污水处理量，m^3/d；

P_0——协议中约定的污水处理基本单价，元/m^3；

n——自政府指定监督机构或委托检测机构本次检测日至上次检测日的期间。

四、污水处理厂处理水量监管

1. 基本保证水量确定

污水处理项目的设计处理水量往往根据各排水口的流量数据预测计算的，由于实际污水量与预测污水量会存在一定的差距，特别是新建污水处理厂，为了城市污水处理的长远发展，往往会留出一定的处理能力，实际进入污水处理厂的污水量有可能会大大低于设计污水量。污水处理厂的固定投资与设计污水量有关，污水量不足必然影响到污水处理量的不足，从而减少项目公司的收益，影响投资人的投资效益。由于污水处理规模是由政府前期决策，运营的风险应该由政府承担。保证水量就是为了降低污水处理厂的运营风险，保证污水处理厂有一个最低水量，当实际进入污水处理厂的污水量低于最低水量时，按保证水量计算。这样只要项目公司保证处理出水水质符合要求，就可以按照保证水量结算污水处理费，确保了投资人的固定投资能够得到回收，保证了投资人的利益。保证水量的确定可以根据项目公司污水处理厂经营的损益关系，运用盈亏平衡分析确定。根据盈亏平衡，项目的总收入与总成本相等。即：

$$TR=TC \tag{6-5}$$

$$TR=Q\times p_0,TC=Q\times C_v+C_0 \tag{6-6}$$

$$Q\times p_0=Q\times C_v+C_0 \tag{6-7}$$

$$Q_0=\frac{C_0}{P_0-C_v} \tag{6-8}$$

式中　Q_0——保证污水量，m^3/d；

p_0——合同约定的每吨污水处理单价，元/m^3；

C_0——每吨污水处理固定成本，元/m^3；

C_v——每吨污水处理单位变动成本，元/m^3。

2. 污水处理水量标准核定

污水处理的水量标准是指在进水量满足要求的情况下，项目公司按合同约定的水质要求，每天应处理的污水量，即项目公司的额定水量(Q^*)。它是项目公司与政府指定机构通过协议约定的污水处理水量。在进水量满足要求的情况下，项目公司每天应该按照规定的出水水质要求处理额定水量的污水。由于污水量的时变化系数较大，每天污水进水量并不确定，因此，额定水量的确定是以项目公司在一个运营周期(月)内的日平均进水量确定。在进水量超出保证水量(Q_0)，并且不超出设计污水最高处理水量的情况下，连续一个运营周期内日平均的进水量，即是项目公司必须完成的污水处理额定水量(Q^*)。额定水量(Q^*)是衡量项目公司服务质量的重要指标。

3. 实际污水处理量的检测和计量

实测水量包括在污水处理厂进水口流量计上测得的实际污水量和在处理厂出水口流量计上测的流量。实测进水污水量是为了确定项目公司污水处理的额定水量，实测出水量是为了考核项目公司是否达到污水处理水量标准要求，并以此进行结算。污水处理厂的实际进、出水水量应在污水处理厂进、出水口检测计量。在某个运营月内的满足进水水质要求的实际进水总污水量($Q_J(n)$)应等于所有进水流量计所记录的水量减去该流量计上月记录的出水量。即：

$$Q_J(n)=\frac{1}{2}\sum_{i=1}^{m}\{[V_i^1(n)-V_i^1(n-1)]+[V_i^2(n)-V_i^2(n-1)]\} \tag{6-9}$$

式中　$Q_J(n)$——第 n 个运营月内的实际进水总污水量，m^3；

$V_i^1(n)$——第 n 个运营月内第 i 个进水口 1 号流量计读数，m^3；

$V_i^2(n)$——第 n 个运营月内第 i 个进水口 2 号流量计读数，m^3；

$V_i^1(n-1)$——第 $n-1$ 个运营月内第 i 个进水口 1 号流量计读数，m^3；

$V_i^2(n-1)$——第 $n-1$ 个运营月内第 i 个进水口 2 号流量计读数，m^3；

m——总进水口个数。

在某个运营月内的实际满足出水水质要求的总出水量($Q_C(n)$)应等于所有出水流量计所记录的水量减去该流量计上月记录的出水量。即：

$$Q_C(n)=\frac{1}{2}\sum_{i=1}^{k}\{[V_j^1(n)-V_j^1(n-1)]+[V_j^2(n)-V_j^2(n-1)]\} \tag{6-10}$$

式中　$Q_C(n)$——第 n 个运营月内的实际总出水量，m^3；

$V_j^1(n)$——第 n 个运营月内第 j 个出水口 1 号流量计读数，m_3；

$V_j^2(n)$——第 n 个运营月内第 j 个出水口 2 号流量计读数，m^3；

$V_j^1(n-1)$——第 $n-1$ 个运营月内第 j 个进水口 1 号流量计读数，m^3；

$V_j^2(n-1)$——第 $n-1$ 个运营月内第 j 个出水口 2 号流量计读数，m^3；

k——总出水口个数。

4. 处理水量不达标的处罚

污水处理项目存在极限污水处理能力，原则上只要污水进水水质满足协议要求，进水总量不超过规定的最大设计处理能力，项目公司必须在每个运营日将不超出最大污水处理能力的污水处理达标。衡量项目公司水量是否达标可以通过对比每个运营月的达标进水总量($Q_j(n)$)和达标出水总量($Q_C(n)$)，理论上二者应该相等，只要两者误差在合理的范围内(一般3%)，即认为项目公司完成了污水处理的额定水量要求。如果误差超过了合理范围，则认为项目公司没有达到额定的处理水量要求。必须采取相应的处罚措施，目的是防止项目公司偷排污水，促使其更好履行义务。

如果在运营期内任一运营月日进水量达标，而项目公司实际日均处理水量未达到额定污水处理量，政府指定机构需要对项目公司实施处罚，罚金的计算：

$$F(Q)=[Q_J(n)-Q_C(n)]\times k\times p_0 \tag{6-11}$$

式中　$F(Q)$——某一个运营月内污水处理水量达标的罚金，元；

$Q_J(n)$——某一个运营月内进水流量计读出的总污水量，m^3；

$Q_C(n)$——某一个运营月内出水流量计读出的达标总出水量，m^3；

p_0——特许经营协议约定的污水处理单价，元/m^3；

k——处罚倍数，通过特许经营协议约定。

5. 超额处理水量的核定与补偿

污水处理厂的设计规模($Q_{设}$)是污水处理的设计处理能力，也是正常处理工艺下的污水处理能力，随着城市规模的发展和排水量的增大，进水污水量可能超过设计污水处理能力，特别是在雨季，可能会大大超过污水处理厂的设计规模。对于超出设计规模一定范围的污水(例如超出设计规模的 10%以内)，仍然可以通过增加药剂、增加曝气时间等工艺进行处理达标排放。由于超出的污水量处理达标需要通过增加药剂、延长曝气时间等工艺，必然增加项目公司的运营成本，因此，需要对超出的处理水量部分进行合理补偿。而项目公司在每个运营日，从进水检测点接收的超出该运营日设计规模而没有超出最大设计污水处理能力的污水量就是超额污水量。超额水量的确定以每个运营月内的日平均流量测算，超额处理服务费计算：

$$B_C=[Q_J(n)-Q_{设}\times n]\times p_c \tag{6-12}$$

式中　B_C——某一个运营月内超额污水处理量的补偿，元；

$Q_J(n)$——某一个运营月内进水流量计读出的总污水量，m^3；

$Q_{设}$——污水处理厂的设计日处理能力，m^3；

p_c——特许经营协议约定的超额污水处理单价，元/m^3；

n——运营周期内的运营天数，d。

但每个污水处理厂都有极限污水处理能力（Q_{Max}），一旦进入污水处理厂的污水量超出了其最大处理能力，即使再增加药剂、增加曝气时间等工艺也不能达标排放。因此，对于超出最大污水处理能力的进水量只能通过超越管排出。

污水处理特许经营水质、水量监管及服务费支付程序如图 6-2 所示。

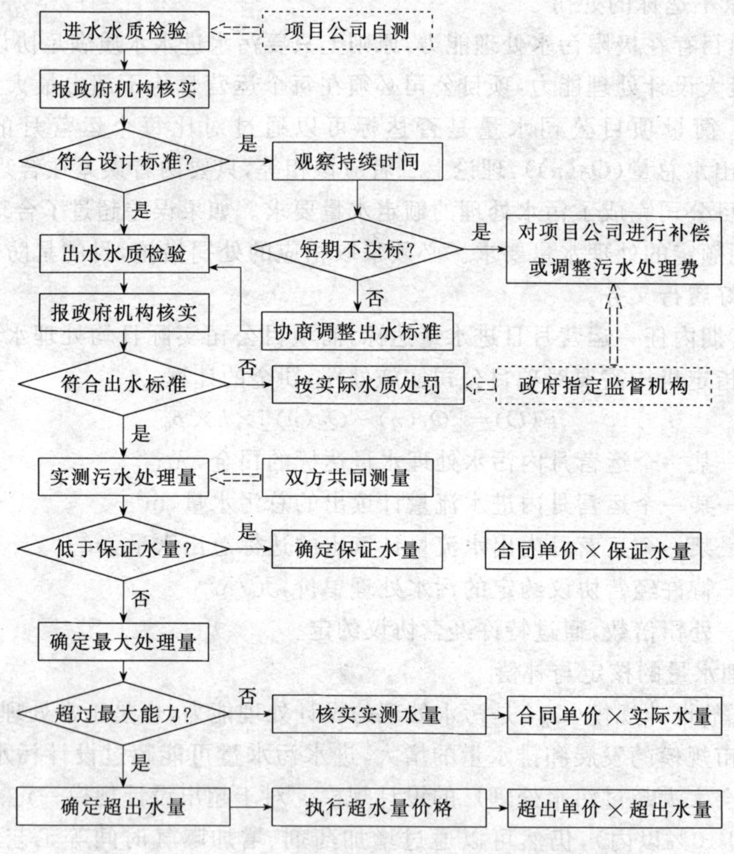

图 6-2　水质、水量监管和服务费支付程序

五、污泥处置、气体、噪声监管

在污水处理厂运营期内，项目公司应根据项目运营计划，将出厂污泥控制在国家《城镇污水处理厂污染物排放标准》（GB 18918—2002）规定的标准之内，并按设计要求规定在指定地点处置。处理后的污泥应根据不同用途执行相应的环保要求。将产生的废气控制在国家《城

镇污水处理厂污染物排放标准》(GB 18918—2002)规定的二级标准之内，具体指标见表 6-1。将项目设施产生的噪声控制在国家《工业企业噪声标准》(GB 12348—90)规定的Ⅱ类标准之内，具体指标为：昼间噪声<60dB，夜间噪声<50dB。污水处理厂污泥处置、气体、噪声有项目公司自行检测或委托有检验资质的检测机构进行检测，并将监测结果上报当地环境保护部门，直接由当地环境保护部门进行监督和管理。

表 6-1　《城镇污水处理厂污染物排放标准》(GB 18918—2002)

控制项目	氨	硫化氢	臭气浓度（无量纲）	甲烷（厂区最高体积浓度%）
浓度（mg/m^3）	≤1.5	≤0.06	≤20	≤1

第三节　污水处理项目特许经营价格管理

一、价格管理的目标

1. 保证社会公众利益

污水处理项目作为城市公用事业的重要组成部分，具有公益性、自然垄断性、有限的竞争性、明显的地域界限性、生产的连续性等特征，污水处理项目的自然垄断特征决定了如果缺乏有效的外部约束机制，在特许经营下，特许经营企业将成为市场价格的制定者而不是价格接受者，特许经营企业就可能通过制定垄断价格，把一部分消费者剩余转化为生产者剩余，从而扭曲分配效率，损坏公众利益，如图 6-3 所示。

2. 实现社会效益最大化

实行特许经营，建立市场准入竞争机制。政府通过拍卖的形式，由多家企业竞争一个或数个地区某一时期的经营权，由提供“最佳价格—质量比”的企业取得经营特许权。这种方法既可以避免由直接限制价格引出的诸多弊端，又可以此建立激励机制，有效的约束特许经营企业的垄断行为，使特许经营企业在竞争的环境中运营，从而，污水处理价格也可以降至有效率的平均成本水平，最终实现帕累托改进。价格管理作为一种重要的管理手段，不仅能够有效保护消费者的利益，实现分配效率，而且刺激企业优化生产要素组合，充分利用规模经济，不断进行技术创新和管理创新，努力实现最大生产效率。

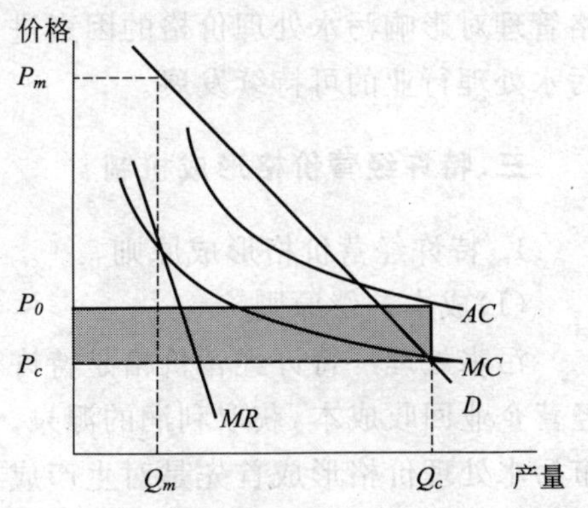

图 6-3　自然垄断定价

3. 确保污水处理健康持续发展

城市污水处理产业具有投资规模大，回报周期长的特点，价格制定的过低会使投资收益率降低，回收期延长，损害特许经营者的投资意愿，从而影响了污水处理行业的可持续发展，同时，不合理的低价也会造成水资源过度消费，违背可持续发展的战略要求；通过价格管理能够确保投资人得到合理的投资回报，调动投资人的积极性，保持污水处理行业健康发展。

二、价格管理的任务

1. 明确污水处理价格构成

污水处理厂的社会公益性决定了特许经营企业之间的竞争不可能是完全的市场竞争，只能是通过市场准入竞争获得特许权。市场准入竞争的核心是污水处理的服务价格竞争，特许经营污水处理价格构成包括两部分，一是污水处理完全运营成本；二是污水处理企业获得的合理利润。特许经营竞争就是投标人按照确定的污水处理成本构成，按等量资本获得等量收益的原则，根据自身的管理水平和技术实力确定合理的利润率，测算污水处理单价，然后通过污水处理单价竞争获取特许经营权。因此，价格构成必须首先明确污水处理的成本构成，统一主要成本的构成项目的计价标准；确立合理的有效的价格结构。

2. 建立有效的价格竞争机制

污水处理厂特许经营，准入竞争的有效性取决于合理的价格形成机制，合理的价格竞争机制，可以使特许经营企业之间的竞争成为有效的竞争，因此，特许经营价格管理的根本任务在于建立有效的价格竞争机制。通过有效的价格竞争机制促进企业不断提高生产效率和管理水平，降低污水处理成本，最终形成合理的污水处理价格。从而兼顾效率和公平，维护公众利益。

3. 确立有效合理的特许经营调价机制

污水处理厂特许经营期一般长达20年以上，项目本身具有投资规模大、回收期长的特点。由于在特许经营的准入竞争中，价格是根据当时的经营成本和技术管理水平确定的，在漫长的特许经营期内，经营成本可能受到诸多因素的影响而发生变化，一个固定的价格要么无法收回成本，从而可能影响到经营者的投资收益水平，或者可能造成公众利益受到损害。为了保证污水处理行业健康发展，必须既要保证投资者利益，又要能使公众利益不受损失。因此，通过价格管理对影响污水处理价格的因素进行界定和明确，确立公平、合理、有效的调价机制，有利于污水处理行业的可持续发展。

三、特许经营价格形成机制

1. 特许经营价格形成原则

(1)成本补偿原则

污水处理厂特许经营价格是特许企业向消费者收取的污水处理服务单位价格，它是特许经营企业回收成本，获取利润的源泉。污水处理价格必须充分反映污水处理厂的运营成本，城市污水处理价格形成首先是对生产成本的补偿，在此基础上为经营企业留出一定的利润空间，使污水处理企业在市场化经营中得以生存和发展，从而有利于污水处理厂的建设和运营。

(2)合理利润原则

污水处理收费是污水处理企业获取资金以维持简单再生产和扩大再生产的主要来源。污水处理作为一种服务，特许经营企业应该为提供这种服务而获得合理投资回报，而且维持企业的发展和经营也必须有合理的投资回报。同时，城市污水处理作为公益性行业，特许经营企业既不允许凭借其垄断地位获取超额利润，也不能因利润水平过低而丧失其发展的动力。

(3)提高经营效率原则

污水处理特许经营价格形成需要建立一种既能吸引投资又能约束企业粗放经营行为的价格形成机制，通过合理的价格形成机制，形成企业之间的有效竞争，激励特许经营企业不断提高经营效率，降低污水处理成本。

(4)反映市场变化，及时调整原则

由于特许经营期内影响价格的因素会不断变化，价格的也必须要能及时反映市场的变化，及时对价格做出合理有效的调整。

2. 我国污水处理特许经营定价依据

《中华人民共和国价格法》是我国污水处理特许经营定价的重要依据。《中华人民共和国价格法》第三条指出：国家实行并逐步完善宏观经济调控下主要由市场形成价格的机制。第十八条规定：自然垄断经营的商品价格和重要的公用事业价格等，政府在必要时可以实行政府指导价或者政府定价。第二十三条规定：制定关系群众切身利益的公用事业价格、公益性服务价格、自然垄断经营的商品价格等政府指导价、政府定价，应当建立听证会制度，由政府价格主管部门主持，征求消费者、经营者和有关方面的意见，论证其必要性、可行性。

建设部于 2002 年 12 月 27 日发布了《关于加快市政公用行业市场化进程的意见》明确指出：取得特许经营权的企业要通过合法经营取得合理的投资回报，实现经营利润。市政公用产品和服务价格由政府审定和监管。应在充分考虑资源的合理配置和保证社会公共利益的前提下，遵循市场经济规律，根据行业平均成本并兼顾企业合理利润来确定市政公用产品或服务的价格(收费)标准。市政公用企业通过合法经营获得的合理回报应予保障。若为满足社会公众利益需要，企业的产品和服务定价低于成本，或企业为完成政府公益性目标而承担政府指令性任务，政府应给予相应的补贴。建设部《市政公用事业特许经营管理办法》第二十二条规定：直辖市、市、县人民政府有关部门按照有关法律、法规规定的原则和程序，审定和监管市政公用事业产品和服务价格。

3. 污水处理项目特许经营价格构成

(1)污水处理成本构成要素

污水处理生产成本是指污水处理过程中发生的合理支出，对于污水处理厂而言，无论采用何种工艺运行方式，其运行成本主要为管网和固定资产折旧、污水处理成本以及融资成本几部分(图 6-4)。

$$C=C_1+C_2+C_3 \tag{6-13}$$

式中　C_1——污水处理厂管网及固定资产的折旧；主要是指污水处理厂建设过程中形成的固定资产，包括管网、房屋和其他建筑物、设备、工具和仪器及其他固定资产等的建筑工程费用(C_{11})、设备购置费(C_{12})、安装工程费用(C_{13})和其他费用(C_{14})。固定资产的折旧与污水处理设施中的土建部分投资额和设备部分投资额、预计的折旧年限残值有关。折旧采用平均年限法，由于土建、设备的折旧年限不同，可以用综合折旧率计算折旧。

C_2——污水处理生产成本；指污水处理过程中发生的合理支出，包括人工费用(C_{21})、和经常性维修费用(C_{23})、材料费用(C_{24})、管理费用(C_{25})、营业费用(C_{26})、污泥处置费用(C_{27})、其他费用(C_{28})。

人工费用(C_{21})：指处理污水过程中发生的人员工资、奖金、津贴和补贴。

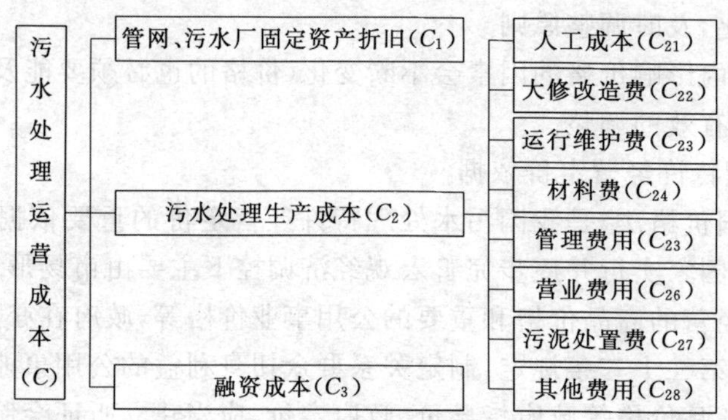

图 6-4　污水处理运营成本

大修改造费用(C_{22})：指维持污水处理正常运行需要发生的大修理费和更新改造费用，主要与大修周期以及每次大修发生的费用有关。

经常性维修费用(C_{23})：指维持污水处理正常运行日常修理维护费用，经常性修理费主要涉及到管道、阀门电机等设备零部件的更换。

材料费用(C_{24})：指处理污水过程中实际消耗的原材料、辅助材料、药剂费、水费、备品备件、燃料、动力以及其他直接材料的费用支出。

管理费用(C_{25})：指污水处理管理部门为组织和管理污水处理活动所发生的各项费用。

营业费用(C_{26})：指污水处理生产经营者在污水处理过程中发生与生产成本有关的各项费用，包括营业税、企业所得税及应缴纳的其他税费等。

污泥处置费用(C_{27})：指污水处理过程中产生的污泥处理的费用，污泥的处置费用与其处置方式密切相关。

其他费用(C_{28})：指污水处理过程中发生的除上述费用之外的其他费用，如检验、检测费等。

C_3——污水处理特许经营企业的融资成本；指污水处理企业为筹集资金而发生的费用，包括在建设和生产经营期发生的利息净支出、汇兑净损失、金融机构手续费以及筹资发生的其他财务费用。

(2)污水处理价格构成

污水处理的价格构成是在明确了污水处理的各项成本构成以后，特许经营企业参照污水处理企业的平均资产利润水平，根据自身的经营和管理水平，确定测算污水处理的成本和合理的利润率。污水处理经营成本加上污水处理经营企业的合理收益，就构成了污水处理的价格。即：

$$P=(C+R)/Q \tag{6-14}$$

式中　P——污水处理单位价格；

C——污水处理年运营成本（$C=C_1+C_2+C_3$）；

R——经营企业合理收益；

Q——污水处理厂年处理能力。

根据建设部对社会资本投资污水处理厂不承诺固定回报率的规定，对投资人不承诺固定回报率，因此，为了能达到激励、引导社会资金参与污水处理厂建设和运营的目的，在招标过程中，在投资回报政策上一般规定按略高于同期银行长期贷款利率的标准设定投资回报率，测算污水处理厂的运营费用，作为特许经营招标的价格上限。

4. 污水处理特许经营定价方法

(1)边际成本定价

根据福利经济学的基本理论，只有当价格等于边际成本时社会总福利才最大。因此，为了在资源配置中实现帕雷托效率，达到促进社会分配效率目标，就要求按照边际成本决定管制价格水平。这种以边际成本水平决定管制价格的定价方式，称为边际成本定价。从规范的角度讲，边际成本定价方式是最优的定价方式。但在自然垄断产业，由于规模经济的作用，成本是产出的减函数，以致若采用边际成本定价会使企业出现亏损，而且企业产出越大，亏损额也越大。因此，如果政府以边际成本制定管制价格，必须同时以税收补贴企业的亏损，并使企业有一定的利润。但是这会诱使企业把精力较多地用于争取政府补贴上，增加了“政府管制俘虏"问题的可能性。

(2)平均成本定价

边际成本定价虽然会使消费者剩余最大，但会使企业亏损。因此，价格管制应寻求一种既不使企业出现亏损，也不至于获得超额利润的收支平衡的定价方式，这种定价思想就是平均成本定价。其基本含义就是在保证企业收支平衡的约束条件下，寻找一种价格使社会总收益扣除社会总支出后的余额（社会福利）最大。“在报酬递增及盈亏平衡约束条件下，平均成本定价是最优的定价方法，其理由是……在企业规模报酬递增的条件下，高于平均成本的价格肯定要高于边际成本。因此，一旦价格超过平均成本，则在保证企业盈亏平衡的条件下，调低价格将提高福利水平。这样，要求企业按照平均成本来定价就一定是最优的”。但是由于平均成本定价偏离了边际成本，平均成本定价将不可避免地形成一定的福利损失。

目前常用的是综合成本加成定价法，就是以污水处理全部运行成本作为定价基础，又称全成本定价方法。污水处理单价确定首先估计测算污水处理的运行成本（如直接材料、直接人工费、管理费等）；其次测算固定资产折旧以及融资成本，求出全部成本，然后按照设计污水处理能力，把全部成本分摊到单位污水量上，在此基础上加上按目标利润率计算的利润额，即得出价格。定价模型为：

$$p=(C_1+C_2+C_3)/Q\times(1+\gamma) \tag{6-15}$$

式中 P——污水处理单位价格,元/t;

C_1——污水处理厂管网和固定资产年折旧成本,元;

C_2——污水处理厂年运营成本,元;

C_3——特许经营企业的融资成本,元;

Q——污水处理厂的设计年处理能力,t;

γ——特许经营企业的合理利润率。

综合成本加成定价法优点:价格构成简单,便于投标企业和监管机构测算、观察和比较,有较强的可操作性和很好的实施效果。缺点:企业无论经营好坏,都可以在成本基础上加一笔利润,可能会削弱企业改进经营管理、降低成本的积极性,弱化激励特许经营企业降低成本和促进技术进步的激励作用。同时,由于支付给特许经营企业的服务费是按照实际污水处理量乘以综合单价支付的,在实际污水处理量不足的情况下,可能导致经营企业出现亏损,无法收回投资,污水处理厂无法正常运营。而当实际污水处理量超出设计规模时,污水处理的单价准确测算也存在一定难度,需要投标企业单独进行超出水量部分的报价。

(3)两部制定价

两部定价是定额价格和从量价格相结合的一种价格管制方式。两部定价所形成的价格由两部分组成:一是与消费量无关的基本费,也即固定价格,固定价格反映污水处理厂固定成本的补偿,与投资费用、还贷利率和折旧方式等密切相关;二是根据消费量收取的从量费,即变动价格。变动价格主要反映污水处理厂变动成本的补偿,与污水处理量相关的水、电等材料费用以及其他一些与管理水平有关系的成本密切相关,运营管理水平越高,变动成本就会控制得越好,在竞价过程中就能把价格压得更低。

两部定价经常用于自然垄断产业中,消费者在为其每单位的消费量付费的同时,每月(或季度、年)还要另外交一笔固定费用。在两部定价的情况下,企业可以把按边际成本定价形成的亏损额(它等于按平均成本定价形成的固定费用总额)作为基本(固定)费收取,如果不会因为固定费用的收取而赶走消费者的话,两部定价既维持了边际成本定价时的产量又保证了企业不会亏损。但是由于两部定价与边际成本定价相比多出了固定费用,这势必引起再分配效应,将消费者剩余转化成生产者剩余,而且,如果消费者因为收取固定费用而退出市场,则会导致福利损失。

污水处理特许经营两部制价格的构成:

1)固定单价 P_1

污水处理费价格固定部分主要是指特许经营企业回收项目固定资产投资,以及在设计污水处理能力一定的情况下,与污水处理量变化影响不大的成本。在污水处理成本构成里是指管网和固定资产折旧(C_1)和项目融资成本部分(C_3),以及污水处理生产成本中的大修理和改造费用(C_{22})、经常性维修费用(C_{23})、人工费(C_{21})、管理费(C_{25})等,在此基础上加上企业的合理收益,构成固定单价。

$$P_1=(C_1+C_3+C_{21}+C_{22}+C_{23}+C_{25})(1+\beta)/Q \tag{6-16}$$

式中　P_1——每吨污水处理费价格的固定部分,元/t;

C_1——指管网和固定资产年折旧额,元;

C_3——项目融资成本部分年度摊销,元;

C_{22}——污水处理厂年度大修理和改造费用,元;

C_{23}——污水处理厂年度经常性维修费用,元;

C_{21}——污水处理厂人员年度工资、福利奖金等,元;

C_{25}——污水处理厂年度运行管理费,元;

Q——污水处理厂设计处理能力,t/年,$Q=365\times L$,L——污水处理厂设计日处理能力,t/d;

β——经营企业的合理收益率。

2)计量单价 P_2

污水处理计量收费用于补偿污水处理厂的日常运行过程中与污水处理量变化直接相关的成本费用,计量单价成本构成包括:材料费用(C_{24})、营业费用(C_{26})、污泥处置费用(C_{27})、其他费用(C_{28}),在此基础上加上经营企业的利润,实现污水处理厂运营的"保本微利"。污水的计量单价构成:

$$P_2=(C_{24}+C_{26}+C_{27}+C_{28})\times(1+\beta)/Q \tag{6-17}$$

式中　P_2——每吨污水处理单价计量价格,元/t;

C_{24}——污水处理厂年运行材料费用,包括年用电、水等其他材料费用,元/年;

C_{26}——污水处理企业年度经营的税、费等,包括营业税、所得税等,元/年;

C_{27}——污水处理厂年度污泥处置费用,元/年;

C_{28}——污水处理厂年度运行的其他支出费用,元/年。

3)污水处理综合单价

污水处理综合单价=固定单价+计量单价,即:

$$P=P_1+P_2 \tag{6-18}$$

由于污水处理厂的进水量在超出设计规模时,超出设计规模部分的处理只是增加了药剂、电费、污泥处置费等运营费用,因此超出处理规模部分的污水处理单价为:

$$P'=(C_{24}+C_{26}+C_{27})\times(1+\beta)/Q \tag{6-19}$$

采用两部制价格定价,固定价格保证了污水处理企业的合理投资回报,保证了污水处理企业的正常运营;计量价格部分通过竞争可以促使经营企业提高污水处理技术和管理水平,达到提高污水处理效率,降低污水处理的成本的目的。

四、特许经营价格调整机制

1. 价格的影响因素分析

污水处理价格构成是运营成本和经营企业的利润两部分,因此,影响污水处理价格的因素主要是污水处理成本的变化。污水处理成本受多种因素的影响，主要包括以下两类因素：

(1)可控制性因素，如劳动生产率和固定资产利用率的变化，影响污水处理的物资消耗和活劳动消耗，降低或增加污水处理服务的质量，反映污水处理行业和企业工作质量的高低。对于经营企业来说，这些因素可以通过技术创新与改造和管理创新，来寻找节能降耗途径。技术水平和经营管理水平的提高，带来劳动生产率和固定资产利用率不断提高，造成污水处理消耗的药剂、材料、电力以及人员管理费用等不断降低，从而通过污水处理成本降低影响污水处理价格。

(2)不可控制因素，如固定资产的重新估价，污水处理药剂、电力等其他消耗材料的价格调整，职工工资福利津贴调整、国家税收政策的变化、银行贷款利率的变动等。这些因素的变化直接引起污水处理成本的变动，通过成本的变动最终影响特许经营服务价格，这些是经营企业无法预料和无法控制的。

2. 特许经营调价原则

价格调整对于污水处理项目特许经营能否成功运作极为重要，价格调整的原则主要体现在两个方面：一是价格调整能反映各影响因素变动所带来的风险；二是价格调整符合风险合理分担的原则，可被双方认可与接受，保证在特许期内项目实施的可行性。因此，对于第一类可控制因素的变动带来的成本降低，能够激励经营企业提高技术和管理水平，从而提高污水处理的效率，不断降低污水处理成本，符合特许经营提高经营效率目的，可以不作为调整因素。而对于第二类企业无法控制的因素变化带来的变化，根据风险合理分担原则，需要通过合理的调价模式进行调价。

3. 特许经营价格调整方法

(1)逐年测算单价法

这种方法不是在特许期内进行价格调整，而是针对特许期内的可能影响价格的各种因素，由投标人进行分析和预测，并在投标标书中逐年测算出整个特许经营期内的污水处理单价，一旦中标以后，双方按照测算的各年价格逐年执行。这种调价方式需要投标人对整个特许经营期内的通货膨胀率以及税收政策变化等做出合理判断和假设，对于政府和投标人来说都面临很大的风险。由于很多因素的变化是投资人无法控制的，因此对价格的预测和假设不具有科学性，当投标时的通货膨胀率较高时，投标人以当时的通货膨胀率为基本出发点报出各年的水价，如果随后物价指数保持稳定甚至下降时，当时报出的水价就会偏高，给政府带来很大风险。相反，如果当初通货膨胀率较低，投标人以当初较低的通货膨胀率为基本出发点报出各年的水价，当物价指数持续上升时，报出的价格就会偏低，投资人面临巨大风险，项目的顺利执行出现困难。目前很少有项目采用这种方式。

(2)调价原则法

是指把特许经营企业的中标价格作为初始价格，在特许经营协议中不规定具体的调价公式，而是确定一些调价的基本原则和主要的影响因素，由政府承诺当主要的影响因素发生变化并对成本的影响超过一定幅度时，就对价格做出调整。其调价基本程序如图 6-5 所示：

1)当特许经营企业或政府部门认为影响价格的因素出现变动幅度较大时，由特许经营者或公用事业管理委员会向监管部门提出书面申请，根据有关价格调整原则直接提出价、调价方案。

2)监管部门收到调价申请后，应对申请材料进行初步审查、核实，组织有关专业人员和物价部门对价格因素的变动审核其真实性和合理性，并对变动幅度进行确认。

3)当价格影响因素超出规定的变动幅度时，根据事先确定的原则，对价格进行调整，经双方协商后确认执行调整后的价格。

4)当价格影响因素没有超出规定的变动幅度时，执行初始价格。对价格影响因素再次进行监控，及时了解变动情况，再次提出申请，整个特许经营期内不断循环执行。

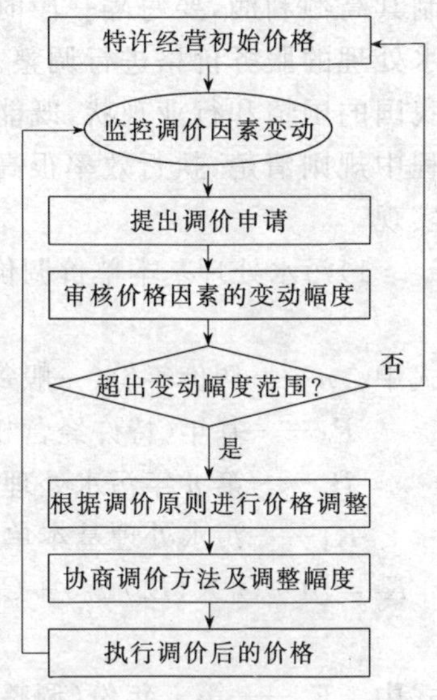

图 6-5　调价原则调价程序

调价原则调价被认为是一种开放、灵活的方法，政府占据了较为主动的地位。但是，由于价格的调整依赖于政府和项目公司对影响因素的确认，而这种确认又存在很大的不确定性，因此，在一定程度上将增加投资人对项目的担忧和对项目风险的预期，这些影响必然会反映到项目成本中，从而导致其可能要求提高水价或降低准备支付的资产转让价格等，对实现政府招标最有效益产生损害。同时，采用调价原则调价方式还会增加项目的执行难度，当影响价格的因素出现变动并且项目公司提出调整要求时，政府需要组织专门的队伍审核调价因素变动的真实性、合理性和合理幅度。双方对价格是否应该调整，如何进行调整，以及调整的合理幅度都需要进行有效的磋商，需要耗费大量时间与精力，必将影响项目执行的可操作性。另外，这种方式对政府的监管也提出严峻的挑战，特别是价格调整时的基础数据是非常重要的，为保证基础数据的真实可靠性，政府必须强化监管。但是目前政府部门的监管能力有限，基础数据的缺失或不真实会使政府长期处于弱势地位，价格调整的结果必然对政府不利。特别是我国相关法规不够健全，执行起来也存在较大难度，这些也是导致监管无效的原因。

(3)调价公式法

就是在最初确定的污水处理价格基础上，在特许经营协议中确定明确的调价公式，每隔一定的年限对价格进行一次调整，调整时主要是对合同双方共同确定的影响价格的主要因素进行调整。对于影响污水处理成本的两类因素，经营企业的可控性因素，如劳动生产率和固定资产利用率的变化，为了督促经营企业不断提高技术和管理水平，不断提高污水处理的效率，应该以污水处理行业的平均社会进步率进行衡量，不得低于当时的污水出处理行业社会平均技术进步水平。对经营企业不可控因素，如电费、人工费、化学药剂费、企业税收以及综合物价指数的变动对价格的影响，采用综合调价系数量化各因素在价格调整中的权重。污水处理的特许经营期一般 20 年以上，为了保证项目公司的“保本微利”和限制其高额利润，要每隔一段时间（需要双方协商确定）由双方根据合同约定的调价公式对污水处理的服务价格进行调整。调价公式的制定不是仅仅从投资人的利益出发，而是更符合我国的国情和行业现状，既能保护政府利益，又能被投资人和资本市场所接受，合同执行过程中规则清楚，执行效率很高，可操作性强，有利于项目的顺利推动和保证招标目标的顺利实现。

1）污水处理基本单价调价公式

$$P_n = P_0 \times K_1 \times K_2 \tag{6-20}$$

式中 n——调价年份（一般每两年调价一次）；

P_0——基年（特许经营权转让日后的第一年）的污水处理基本单价；

P_n——第 n 年污水处理基本单价；

K_1——污水处理基本单价综合调价系数，依据以下公式确定：

$$K_1 = [1 + C_1 \times (E_n/E_0) + C_2 \times (L_n/L_0) + C_3 \times (Ch_n/Ch_0) + C_4 \times (M_n/M_0) + C_5 \times (T_n/T_0) \tag{6-21}$$

式中 E_n——第 n 年份（调整年）当地生产用电平均电价；

E_0——特许经营期开始时（基年）当地生产用电平均电价；

L_n——第 n 年（调整年）份统计局提供的全市职工人均劳动工资水平；

L_0——特许经营期开始时统计局提供的全市职工人均劳动工资水平；

Ch_n——第 n 年（调整年）份化学药剂加权平均市场价格；

Ch_0——特许经营期开始时化学药剂加权平均市场价格；

M_n——第 n 年（调整年）份污泥处理成本；

M_0——特许经营期开始时（基年）的污泥处理成本，

（M_0、M_n 均以市环卫部门公布的污泥处置费为基准）；

T_n——第 n 年份（调整年）国家规定的企业税收比例；

T_0——特许经营开始时（基年）的国家规定的税收比例；

C_1——特许经营初始单价中单位用电成本占总成本的比例；

C_2——特许经营初始单价中单位人工成本占总成本的比例；

C_3——特许经营期初始单价中单位化学药剂成本占总成本的比例；

C_4——特许经营期初始单价中单位污泥处理成本占总成本的比例；

C_5——特许经营期初始单价中单位上交企业税金占总成本的比例；

K_2——污水处理行业的技术进步率，由于目前污水处理行业缺乏技术进步律的统计，因此目前一般对技术进步引起的价格变化不做调整。

2）污水处理超进单价调价公式

当污水处理基本单价调整时，污水处理超进单价相应也需要同时调整，由于超出部分的水量处理只是会增加耗电费用、化学药剂费用、以及污泥处理费用以及税收成本，因此只对这几部分进行调整，相应调价公式：

$$P'_n = P'_0 \times K'_1 \times K_2 \tag{6-21}$$

式中 P'_n——第 n 年(调整年)份污水处理超进单价;

P'_0——特许经营开始年(基年)的污水处理超进单价;

K'_n——为污水处理超进单价调价系数,依据以下公式确定:

$$K'_1 = [1 + C'_1(E_n/E_0) + C'_3(Ch_n/Ch_0) + C'_4(M_n/M_0) + C'_5(T_n/T_0)] \tag{6-22}$$

其中 C'_1——特许经营初始超出单价中单位用电成本占总成本的比例;

C'_3——特许经营初始超出单价中单位化学药剂成本占总成本的比例;

C'_4——特许经营初始超出单价中单位污泥处理成本占总成本的比例;

C'_5——特许经营初始超出单价中单位上交企业税金占总成本的比例。

第四节 特许经营安全运营监管

一、安全运营监管目标

污水处理项目特许经营安全运营监管任务是确保污水处理厂的安全、稳定运营,保证资产的良好状态。包括三个方面:

1. 对项目公司的运营安全稳定性监管、是对项目公司运营保证计划和计划实施情况监督,保证污水处理厂连续、稳定、安全运营,防止和减少意外情况发生。

2. 对污水处理设施的维修与重置监管,正确运行、维修、养护设备是污水处理厂正常运转的先决条件。污水处理设施的维修与重置监管是对项目公司的污水处理设备、设施等维修和保养以及重置的计划、方案和实施情况进行监督,保证污水处理设施良好的运行。

3. 对设施移交监管,通过监督项目公司资产移交计划和实施过程,保证特许期届满或提前终止时,项目公司最后移交给政府的设备可以正常使用,政府能够从特许经营者手中得到可正常运转的项目设备。

二、安全运营监管程序

污水处理厂特许经营安全运营监管的程序一般分为三个阶段:特许经营招投标阶段,设施运营阶段和资产移交阶段。招投标阶段主要通过招标严格审查项目公司安全运营计划、运营方案以及设备维修、保养和保值、重置方案可行性,并以特许协议的形式明确项目公司义务;在设施运营阶段主要是对项目公司的安全运营计划的检查和落实情况进行监督;资产移交阶段主要是通过最后恢复性大修和性能测试,加强对资产移交的监管。其监管程序如图 6-6 所示。

三、运营安全稳定性

1. 运营安全保证计划

招标阶段,明确要求项目公司应根据有关公共卫生和安全的适用法律和批准以及特许经

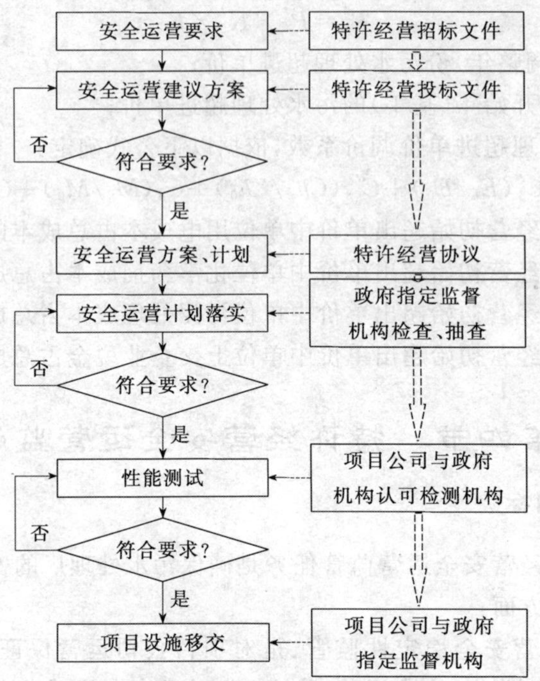

图 6-6　特许经营安全运营临管程序

营协议的规定，提交项目公司连续运营的方法和保障方案，内容包括确保污水处理厂的连续、正常安全运营计划、大修或重大技术改造计划、计划内暂停服务计划以及进水水质超标和国家标准变化时的解决方案，出现污染事故时，水质预警紧急处理预案等。

2. 计划内暂停服务

项目公司应于每个运营年末，提交下一年度维护计划，将重大维护和更新工作通知政府或指定机构，如果有计划内暂停服务，项目公司应提前将暂停服务的预定日期通知政府或指定机构。大修或重大技术改造时，须事先取得政府批准。

3. 计划外暂停服务

除计划内暂停服务，以及由于政府或不可抗力因素导致不能正常运营，其他任何情况下，项目公司不得削减污水处理量或停运污水处理厂。对于项目公司计划外的暂停服务将依据水量和水质要求进行处罚。

四、污水处理设施维护、修理和重置

1. 明确设施维护、修理和重置要求

在项目招标阶段，应明确要求投资竞争者提交的投标文件中，编制并提交在整个运营期间污水处理厂设施的维护方案和厂区工艺管道的维护方案，主要设备进行大修、保养和重置的方案。主要设备进行大修、保养和重置方案具体要求包括主要设备的使用寿命，必须达到的运行能力，为维持正常运营拟定期实施的设备大修和重置计划，包括大修频率、范围、设备重置的种类、规格、数量等；并最终在特许经营协议中明确对项目设施设备的维养、保值和重置要求。

在项目特许协议签署的同时，要求项目公司根据维护计划准备一份项目设施的检验与维护手册。就设备维修、养护等事项向政府指定监管部门提交一份项目设备维修、养护手册，以作为未来监管的主要依据之一。检验与维护手册应包括污水处理厂的电器运行设备、机电运行设备等具体维护计划，进行定期和年度检验、日常维护、大修维护、更新年限、更换年限和年度维护的程序和计划，以及调整和改进检验及维护安排的程序和计划。同时，手册还应该列明污水处理厂正常运营所需的消耗性备品、备件和事故抢修的备品、备件。

2. 监督检查项目公司设备维养和重置计划实施

政府指定监督机构及其代表在不干涉、延误或干扰项目公司履行其协议规定的义务下，有权在任何工作时间进入污水处理厂，以监察污水处理设施的运营和维护状况。根据项目公司提交的运营和维护手册和项目运行、维护、更新、重置计划，检查和监督项目公司的运营维护、修理和更新重置计划落实情况。项目公司应确保在特许经营期内的任何时候，项目公司备有足以满足项目设施运营月内通常所需的消耗性零部件以及修理故障所需规定的标准和规格的零部件；正常运营月内所必需的符合协议要求的化学品。

3. 设施维护和保养的约束机制

为了确保项目公司在特许经营期内对污水处理设施进行正常的维护、保养和重置，可以通过要求项目公司提交维修保函或设立大修理基金专用账户等经济手段对项目公司予以约束，保证项目设施移交后能够保持良好的运行状态。

从污水处理厂开始商业运营日开始，要求项目公司向政府或政府指定机构提交维护保函，其有效期自开始商业运营日开始，至项目移交后的保修期满为止。维护保函的数额由双方协商确定，维护保函的数额应该足够保证满足每年正常的项目设施的维修、保养和重置的需要，项目公司每年的维护计划落实以后，经政府或指定机构核实，可以根据协议提取保函款项，但必须保证保函拥有满足用于下一年度维修的最低数额，项目特许期满移交后，如果在保证期内项目公司按协议要求履行了应尽的义务，维修保函解除，项目公司提取保函下的款项。也可以由政府部门或指定机构通过协议要求项目公司在每一个运营年度提取大修理基金，按企业计提折旧的固定资产原值一定比例，作为修理基金设立专用账户，专项用于污水处理设施的修理、维护。大修理基金账户交由政府或指定监督机构管理，项目公司根据实际维修和维护情况，向政府或指定机构申请提取。特许经营期结束后，确认项目公司切实完全履行了协议规定的维护、修理、保值和重置义务后，才能移交给项目公司。

如果项目公司未能按照协议的规定运营和维护项目设施，政府或制定监督机构可向项目公司发出通知，要求其在规定时间内采取措施纠正。如果项目公司在接到通知后未能迅速进行必要的纠正性维护，则政府或政府指定机构可以委托相关单位进行维护和修理，相关费用由项目公司承担。

4. 资产或协议转让的限制

除了进行项目融资外，未经政府机构事先同意，项目公司不得对其在特许经营协议或其他项目协议下的权力和权益，包括土地使用权，项目设施或用于项目的项目公司的任何其他主要资产，进行抵押、质押、设置滞留权或其他方式加以处置。为了项目融资，在政府机构批准的情况下，项目公司可以将其在特许经营协议下的权力和权益，包括项目公司的土地使用权、项目设施、动产、不动产、无形资产、项目公司的收益和项目公司的任何其他权利（包括与项目公司的银行账户有关的权利），以抵押、质押或以其他方式转让给贷款人。

五、污水处理设施资产移交

1. 明确项目设施移交范围

在特许经营期结束或终止后，项目公司应向政府或其指定机构无偿、完好移交项目公司对项目设施的一切权利和所有权益，包括：污水处理项目红线范围内全部设施及污水处理厂场地；与项目设施相关使用的所有设备、机器、装置、零部件、备品备件、化学品以及其他动产；和项目设施相关的附属配套设施；运营和维护项目设施所要求的所有技术；政府为项目正常运营而合理要求的运营手册、运营记录、移交说明、设计图纸、文件和其他资料，以便政府能够直接或通过其指定机构继续项目设施的运营。

2. 明确移交的质量标准

1)恢复性大修

为保证污水处理厂设备移交给政府后仍能继续正常使用，政府机构通常要求项目公司在特许经营期的日常维修、养护、保值和重置外，还应在移交前一段时间（通常为十二个月或更短时间），由项目公司对项目设备进行一次恢复性大修。最后恢复性大修的内容和具体时间应通过协议约定，最后恢复性大修内容通常包括项目设施的设备制造厂商的说明、手册和维护计划所列事项；消除实际存在的缺陷；检修、探伤、检测及更换易损、易耗件等；以及政府机构合理要求的其他检修项目。如果项目公司未按照协议要求进行最后恢复性大修，政府指定机构可以自行进行大修，由项目公司承担费用和风险。如果设施的缺陷或损坏经修理无法达到要求的移交标准，或修理费用过于昂贵超乎合理范围，则政府有权就项目设施性能降低获得赔偿。

2)性能测试

最后恢复性大修完成后并在移交日之前一段时间（一般一个月内），项目公司应提前通知政府机构或指定监督机构代表到场，联合进行项目设施的性能测试。只有测试结果符合协议所规定的各项保证功能标准，才可进行资产移交。如果未达到协议规定参数标准，项目公司应再次对缺陷进行修正，并组织重新进行性能测试。如果项目公司不能在合理的时间内修正这些缺陷，也可由政府指定机构自行修正，但相应的费用和风险应该由项目公司承担。

3)设施移交要求

项目公司应保证项目设施在移交日符合特许经营协议要求的移交标准和规定安全、环境标准，项目设施得到了良好维护并处于良好的运营状况；同时，移交的资产和权益在移交时不存在任何留置权、债权、抵押、担保物权或任何种类的其他请求权。污水处理厂场地在移交时不存在因建设、运营和维护项目设施导致的或项目公司另外引起的环境污染。项目公司还应聘请政府认可的有资质的质量评估机构对污水处理厂建(构)筑物、设施和设备进行质量状况评估鉴定,并出具设施质量评估鉴定报告,作为移交技术文件的附件。

3. 设施移交程序

1)设立移交机构

特许经营期结束前,政府指定监督机构和项目公司应成立由政府机构代表和项目公司代表联合组成的移交委员会,移交委员会根据协议的约定明确需要移交的设施清单和相关权利,确认移交的质量标准,协商确定设施移交的程序。双方同时提交负责移交的代表名单。

2)对相关人员的培训

项目移交之前,项目公司的技术管理人员有义务对政府机构的相关运营管理人员进行运营管理培训,包括技术、管理等各方面的培训,为确保顺利移交后污水处理平稳运行创造条件。

3)项目设施移交

在特许经营期满或终止之日,政府机构代表和项目公司代表根据协议所列清单,共同对污水处理厂现有的项目设施及技术文件进行逐项清点和登记,项目设施的清点和移交应包括污水处理厂所有建筑物、构筑物、设备等全部设施以及为其运营和维护所需的技术文件,包括截止项目经营权转让日,现有的设计、规划、可行性研究、建设、试运行和设备调试、检测记录等技术文件和技术档案;所有项目设施的制造厂商提供的合格证书、质量保证书、图纸、安装使用及维护手册等文件和资料;运营管理相关资料;大修和重置相关技术文件资料;以及项目设施完成时的竣工验收有关资料和文件。还包括在移交日应向政府无偿移交在移交后一段运营时间(一般 1 年)内项目设施正常需要的符合国家有关规定的消耗性备品、备件和事故抢修的备品、备件。同时应将所有承包商、制造商和供应商提供的尚未期满的担保及保证在可转让的范围内分别无偿转让给政府或政府指定机构。转让记录由双方代表签字予以确认,即为项目设施移交完成。

4)经营权力移交

在项目经营权转让期满后及协议规定的其他终止或提前终止条件成熟后,项目公司应无偿将项目经营权按特许经营协议规定的程序交还政府或政府指定的机构。自移交日开始,除协议另有规定或双方至移交日止发生且尚未支付的债务外,项目公司在特许经营协议下的权利和义务立即终止。

4. 设施移交后保证

项目公司必须保证在污水处理设施移交日后一段时间(一般半年)内,设施运转平稳、正常。对于由于材料、工艺或设计缺陷或特许期内项目公司的原因造成的项目设施出现的任何缺陷或损坏,由项目公司负责修复。政府机构一旦发现上述缺陷或损坏,最迟必须在保证期结束前及时通知项目公司。项目公司收到该通知后,应尽快修正缺陷。在某些紧急情况下,或者项目公司在政府指定机构通知后的合理时间内不能或拒绝修正缺陷,政府指定机构有权自行进行修正,相关的修理费用应该由项目公司支付。

第七章

污水处理项目特许经营运作与管理实例

本部分内容是以江苏省某城市污水处理项目特许经营的运作实际作为案例，详细阐述了污水处理特许经营运作和管理在实际中的具体运用和取得的成效，通过具体的应用分析，总结经验，以期为今后我国的污水处理特许经营运作和管理提供借鉴和指导。

第一节　项　目　概　况

一、污水处理项目背景

江苏省某城市地处苏北腹地，是一座历史悠久的城市，也是一个经济快速发展的新兴城市。到2001年末，GDP为329亿元，城区（污水处理区）人均GDP为14 214元。市区建成区面积75 km^2，人口73万，其中污水处理厂服务区内常住人口55.8万人，流动人口15万人。城区污水排放量为16.8万吨/日，远期污水排放量为39万吨/日。

为加快水污染治理、改善城市生态环境，市政府于1989年和1999年分别投资1 200万元和8 950万元兴建了A污水处理厂第一、二期工程。一期工程为一级处理，规模为日处理量3.5万吨；二期工程是在一期工程基础上扩建而成，工艺由一级改为二级处理，日处理规模提高到6.5万吨，但污水治理远远不能满足城市发展的需要，大量污水未经处理直接排入河道，使城区水质逐年下降，对市民的身心健康和经济可持续发展，都会产生极为不利的影响。根据城市污水处理的总体规划和国家南水北调东线工程建设的要求，市政府决定从2002年至2006年建成某城市第二污水处理厂，厂址选定王庄，占地100亩，规模10万吨/日，主要服务面积为31km^2，服务人口30万。

二、污水处理项目基本情况

该市现有A污水处理厂一座，为城市二级污水处理工艺，现污水处理规模为6.5万吨/日，厂区资产约7 400万元。现已建管网资产约为1 100万元。A污水处理厂工程的现有负债为：丹麦政府贷款2 436万丹麦克朗（需8年等额偿还完；每年2次无息还款），国债转贷本金3 200万元，2004年起五年还清，其中2 000万元年息为5.5%，1 200万元年息为2.55%。所有债务约为6 200万元人民币。该市H排水公司为城市唯一的一家从事市政污水收集和处理的排水公司，资产为国有资产，由于经营效率低下，管理水平不高，污水处理成本居高不下，给政府造成沉重财政负担。

将要建设的某城市第二污水处理厂，拟采用A^2O工艺，处理规模为10万吨/日，根据初步设计，厂区概算投资约为13 000万元。配套管网约47 km，提升泵站5座，根据初步设计，管网概算投资约为13 500万元。地方政府可从国家申请到南水北调专项补贴资金0.6亿元。项目资金和资产状况如图7-1所示。由于政府财政紧张，市政府面临资金短缺的巨大压力。为从根本上解决政府资金短缺的困难，同时提高污水处理经营效率，加快污水处理市场化发展，市政府决定对城市污水处理项目以特许经营方式投资、建设和运营。

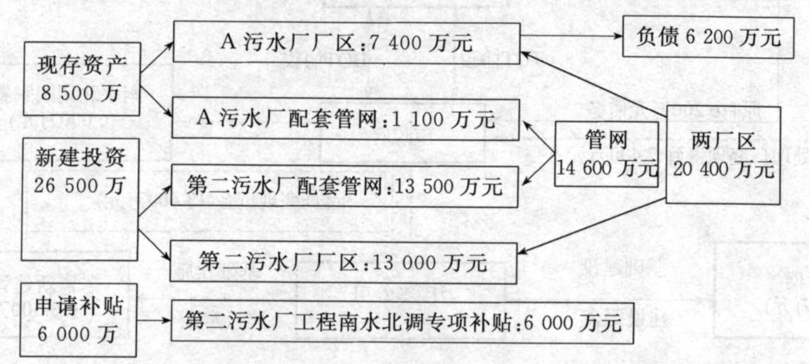

图7-1 项目资金和资产分解图

第二节 特许经营前期工作

一、"厂网分离"的特许经营体制

该市污水处理特许经营选择了"厂网分离"的特许经营体制，将城市排水管网和污水处理厂分开运作，只对污水处理厂实施特许经营，即市政府将现有的A污水处理厂以TOT方式全部转让于投资人，第二污水处理厂由投资人以BOT方式建设、运营和移交。已有管网和泵站的运营维护和需要新建的管网泵站的建设、运营和维护仍由城市H排水公司负责。

二、污水处理项目特许经营模式

市政府将通过公开的竞争性招标方式在境内外选择项目的投资人。投资人应仅为实施项目的目的在该市设立项目公司。市政府将与项目公司签订特许权协议及其附件，授予项目公司特许权。项目公司受让、运营和维护某城市A污水处理厂并融资、建设、运营和维护某城市第二污水处理厂，特许期满时将项目设施无偿移交给某城市政府。新组建的项目公司完全由投资人单独出资组建。新项目公司注册资金为现A污水处理厂的资产评估值7 400万元。新成立的项目公司首先支付给某城市政府现金7 400万元，得到A污水处理厂23年的特许经营权；H市政府得到变现资金，用于新建管网和泵站的建设。已有管网和泵站运营由该城市H排水公司负责。需要新建管网和泵站建设将由该市H排水公司用A污水处理厂TOT转让获得的资金和政府申请的南水北调基金建设，并由其负责今后的运营。原 A 污水处理厂的债务由市政府来负责偿还。运作模式如图 7-2 所示。

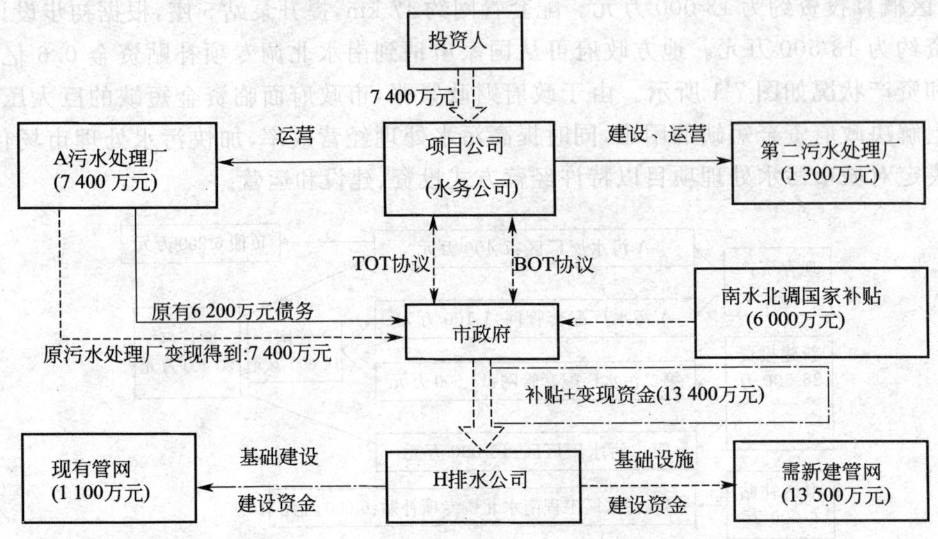

图 7-2　某城市污水处理项目特许经营方案

1. A 污水处理厂的 TOT 模式

(1)A 污水处理厂资产评估

市政府责成该市建设局委托有资质的评估机构对 A 污水处理厂资产进行了评估，评估价值为 7 400 万元。

(2)转让项目和改制同步进行

该市政府出台了相应的政策，原有污水处理厂属于事业编制，对其进行企业化改制。根据市政府下达的有关事业单位职工身份置换的政策，原有企业的职工实行了工龄买断。原污水处理厂或排水公司的离退休人员仍由排水公司来管理，并逐月发放离退休及内退人员相关工资和其他费用。政府承担现有职工的安置和污水处理厂及排水公司的改制产生的安置和改制成本费用。

对于排水公司和污水厂的管理人员，由于他们在污水处理厂工程建设和运行方面积累了多年丰富的管理经验，也具有多年的与地方建设和行业主管部门沟通协调的经历，为保证新水务公司平稳运作和维护社会稳定，要求新水务公司雇佣所有原污水处理厂的管理人员和职工。通过协议约定，新成立的水务公司优先安排他们参加新污水处理厂的建设和管理工作，使项目平稳交接和平稳运行。水务公司充分利用自己母公司在污水处理厂方面的管理经验和先进的机制，对雇佣的所有管理人员和职工再进行管理、财务、工艺技术、设备维护和分析化验等方面的培训，重新调配人员管理结构和薪水分配机制，竞争上岗。根据水务公司新的运营模式，重新调配人员管理结构和薪水分配机制。转让项目和改制同步进行，便于人员的妥善安置。

(3)土地的使用:采用政府划拨方式。

(4)债务与投资分离

实行债务与投资分离,即 A 污水处理厂债务 6 200 万元仍由政府财政资金负责偿还,其原因是债务原是由政府来借贷的,债权关系清楚,法律关系明确,如转让给投资人,运作程序比较繁琐;A 污水处理厂的债务主要是丹麦政府的无息贷款,另外还有国债转贷利息也比较优惠,还款期也较长,不会给政府带来较大的财政负担;债务由政府负责偿还从财务角度对政府也是有利的,如果将债务转嫁给投资人偿还,投资人会按增加投资额度,要求同样投资收益。债务转嫁于投资人后政府偿还债务测算见表 7-1。假设 23 年的投资收益率为 9%,则 6 200 万元的债务,比政府自己还债,政府会多支付给投资人的数额为:

6 200×0.09×23－2 330－3 622＝6 882 万元

因此,从财务的角度来看,政府承担此债务更为合理。

表 7-1　政府应偿还的国债的本利和总额　　单位:万元

	1 年	2 年	3 年	4 年	5 年	
本金	2 000	1 600	1 200	800	400	
需还利息(5.5%)	110	88	66	44	22	330
需还本金	400	400	400	400	400	2 000
总额—小计	510	488	466	444	422	2 330
本金	1 200	960	720	480	240	
需还利息(2.55%)	31	24	18	12	6	91.8
需还本金	240	240	240	240	240	1 200
总额—小计	271	264	258	252	246	1 292
需还总额						3 622

2. 第二污水处理厂的 BOT 模式

(1)污水处理规模:根据该市污水处理的总体规划和国家南水北调东线工程建设的要求,根据可研报告专家论证意见以及省计委对可行性研究报告的批复精神,污水处理规模确定为 10 万吨/日。

(2)污水处理排放标准:由于该市水资源相对丰富,因此污水处理主要是达标排放,根据国家环境保护总局和国家技术监督检验总局 2002 年发布的《城镇污水处理厂污染物排放标准》,结合该市当地的实际情况,确定排放标准(表 7-2)。

表 7-2　设计进、出水水质

污染物	进水	出水	处理率	污染物	进水	出水	处理率
BOD_5(mg/l)	180	≤30	≥83%	TN(mg/l)	35		
COD_{Cr}(mg/l)	300	≤80	≥73%	NH_4-N(mg/l)	31	≤15	≥52%
SS(mg/l)	200	≤30	≥85%	TP(mg/l)	4.5	≤3	≥33%

(3)污水处理工艺:根据污水处理的规模和处理级别,二级强化处理要求除磷脱氮,工艺流程初步选用氧化沟法、A^2/O、SBR法几种方法。根据处理规模、水质特性、排放方式和水质要求、受纳水体的环境功能以及当地的用地、气候、经济等实际情况和要求,经全面的技术比较和初步经济比较后优选确定 A^2O 二级处理工艺。

(4)污泥处理方式:根据该城市目前的实际,城市已有垃圾填埋厂,产生的污泥将经过浓缩脱水后(含水率小于 80%),然后进行填埋处置。运送至已有的垃圾填埋厂,与城市垃圾一起填埋处理。

(5)特许经营财务可行性分析

1)财务测算基本假设

两个污水处理厂的污水总量分别按以下四种情况:第一种情况:总量 15.5 万吨/日(A 污水处理厂 6 万吨/日,第二污水处理厂 9.5 万吨/日);第二种情况:总量 14.5 万吨/日(A 污水处理厂 5.5 万吨/日,第二污水处理厂 9 万吨/日);第三种情况:总量 13.5 万吨/日(A 污水处理厂 5 万吨/日,第二污水处理厂 8.5 万吨/日);第四种情况:总污水量 12.5 万吨/日(A 污水处理厂 4.5 万吨/日,第二污水处理厂 8 万吨/日)。

污水处理成本的测算:根据从某城市 H 排水公司提供的资料,计算过程中假定的成本(表 7-3),根据某城市第二污水处理厂初步设计提供的数据为:单位水量经营成本:0.516 元/t;单位水量经营成本+折旧:0.685 元/t。

表 7-3　A 污水处理厂成本

成本名称		每吨污水处理成本(元/t)
直接生产成本	电耗	0.124
	水耗	0.010
	药耗	0.020
	污泥处置费	0.015
管理费用及其他	工具及低值消耗	0.003
	直接人工费	0.054
	其他直接支出	0.015
	辅助生产支出	0.008
	制造费用	0.070
直接成本-小计		0.226
管理费用和其他		0.224
折　旧		0.125
土地出让金或土地使用税		0.013
合　计		0.685

注:(1)折旧:固定资产折旧按直线法计提,不留残值,折旧年限按从 2002 起共 25 年,每年提折旧成本为:7 400/23=322 万元。

(2)土地出让金或土地使用税按 30 万元/年。

(3)当处理量为 5 万吨/日,5.5 万吨/日,6 万吨/日时值不变。

增值税:根据《财政部、国家税务总局关于污水处理费有关增值税政策的通知》(财税〔2001〕97号),为了加强和改进城市供水、节水和水污染防治工作,自来水公司随水费收取的污水处理费,免征增值税。城市建设维护税和教育费附加相应免征。所得税税率按照33%计算,并且不考虑减免因素。

基本假设:投资人要求的投资回报率在整个特许经营期内不变;第二污水处理厂建设资金13 000万元;污水处理量23年不变;通货膨胀率为0。

2)特许经营方案的财务测算

投资人的投资采用自由资金(30%)和银行借款(70%)两部分构成,投资回报率是基于所有的自有资金。从投资人的角度对此项目的投资价值和污水处理费的结算要求进行分析(以国内投资人33%的所得税率计算),测算的投资人在不同污水量和投资收益下的污水处理服务费情况(表7-4),特许经营期内不同污水处理服务费下投资人的平均收益情况(表7-5)。

表7-4 不同污水量和投资收益下的污水处理服务费

序号	项目		不同污水量和投资收益下污水处理费(元/t)			
1	两污水厂总水量(万吨/日)		15.5	14.5	13.5	12.5
2	A污水厂水量(万吨/日)		6.0	5.5	5.0	4.5
3	A污水厂单位成本(元/t)		0.685	0.685	0.685	0.685
4	第二污水厂水量(万吨/日)		9.5	9	8.5	8
5	第二污水厂总单位成本(元/t)		0.686	0.686	0.686	0.686
6	融资额(万元)		20 000	20 000	20 000	20 000
7	23年特许期内平均投资收益率下的处理费	8%	0.82	0.84	0.89	0.92
8		8.5%	0.83	0.85	0.88	0.89
9		9%	0.84	0.86	0.89	0.90
10		9.5%	0.88	0.91	0.93	0.94
11		10%	0.91	0.94	0.98	1.02

表7-5 特许期内不同污水处理费下平均收益情况

序号	结算污水处理费(元/t)	投资人23年的平均收益率	当地污水费(元/t)	年份	管网泵站的维运行费用(元/t)
1	0.84	6.57%	0.9	2003	0.2
2	0.85	7.02%	1.05	2004	0.2
3	0.873	8.00%	1.20	2005	0.2
4	0.895	9.00%			
5	0.917	10.00%			
6	0.94	11.00%			
7	0.95	11.48%			
8	0.962	12.00%			
9	0.98	12.82%			
10	1.00	13.71%			

注:A污水处理厂:5万吨/日,第二污水处理厂:8.5万吨/日

3)财务可行性分析结论

该市目前污水处理收费为 0.9 元/t，根据国家关于污水处理费调整的文件和该市污水处理费听证会确定的调整计划，城市污水处理费近年的调整计划为：2004 年调为 1.05 元/t，2005 年调为 1.20 元/t。调整的污水处理费包括支付给投资人的结算污水处理费和 H 排水公司的管网泵站的维护费用。根据上面财务分析的结果和城市污水处理费的调整计划，可得出以下结论：

在第二污水处理厂的 3 年建设期内，虽然污水处理费价格还没完全到位，但投资人实际处理的污水量还比较小(只是 A 污水处理厂的污水)，而政府收缴的污水处理费总额是根据市内的实际污水量征收，所以总额可弥补单位污水处理处理费不到位的缺陷。同时，由于投资人在建设期内的成本节约，也可为投资人带来适当收益。表 7-4 计算的结果是投资人可能采用的一种融资方案，计算时所用的污水处理量是相对安全的一个值(13.5 万吨/日，设计负荷的 80%左右)，从表 7-5 可以看出，该市 2005 年以后的污水处理费(1.2 元/t)可以很安全的满足投资人对收益的要求。从上面的财务分析可以得出，如果第二污水处理厂建成后，即使两个污水处理量达到 13 万吨/日左右，污水处理费按现在的计划进行调整，特许经营方案也是可行的，不需当地政府的补贴。

3. 该运作模式达到的目标

(1)吸引更多的投资人

根据国家计委、国家经贸委和外经贸部 2002 年 3 月 11 日颁布的《外商投资产业指导目录》的规定：城市排水管网不允许外商投资控股，将污水管网排除在引资外，可以吸引更多的外国投资商参与投标。同时投资人只负责污水处理厂的建设和运营，降低了项目公司的建设和管理难度，易于确定 BOT 建设工程报价，从工程建设的角度也更容易吸引投资商参与投标。管网所有权仍由政府掌握，市政府仍通过城市 H 排水公司负责管网的建设和运营。排水公司仍可从房地产或其他土地开发商手中收取城市基础设施建设费中用于排水设施的部分资金，可用于后续管网的建设。

(2)便于测算污水处理的成本和价格

城市排水管网的使用和折旧年限可高达 50 年，而污水厂的折旧和特许经营年限一般20～30 年。经营年限和使用寿命的不统一对于污水处理成本测算和污水处理费的测算都造成一定困难。引资将管网排除在外，避免了污水处理厂和管网运营及使用寿命年限不统一的问题。能够有利于合理确定和测算污水处理的成本和价格。

(3)可加快项目建设进度

污水处理厂和管网泵站分别由投资人和 H 排水公司来建设和运营，项目运作结构相对简单，H 排水公司利用所得资金进行管网泵站的建设，它们更容易协调管网建设中与市政各个部门的关系，加快管网的建设速度。而项目公司则可以完全摆脱管网建设过程中的各种干扰和影响，全力以赴进行技术性比较强的污水厂的融资和建设，大大加快项目的进程，保证工程的进度和质量。

第三节　特许经营准入方式

一、招标范围

该市市政府为实施该项目，成立了城市污水项目领导小组，下设招标办公室。市政府指定该市建设局作为本项目特许经营的招标人，组织招标委员会，具体负责特许经营的招标工作。市人民政府授权市建设局与项目公司签署资产转让协议，特许经营协议。项目招标内容：已建成运行的某城市 A 污水处理厂（规模 6.5 万吨/日，AB 工艺，2001 年建成，厂区在某城市区）采用 TOT（转让、运营、移交）方式；待建的城市第二污水处理厂（规模 10 万吨/日，A^2O 工艺，厂区在某城市区）采用 BOT（建设、运营、移交）方式；不包括所有城市管网。特许经营期限：20 年（不含某城市第二污水处理厂建设期约 2 年）。考虑到特许经营项目涉及到许多的技术、经济、法律等专业和技术问题，市建设局选择具有丰富经验的北京某国际招标公司作为本项目的招标代理。

二、资格准入条件

为保证污水处理厂的投资人能够拥有与承担特许权规定职责相适应的能力，防止不具备能力的投资人参与竞争，形成恶性竞争，加大政府的选择难度，因此，市建设局在选择污水处理厂投资人时，对污水处理厂投资人的资格做出了相应规定。参与投标的申请人应当具备的基本条件：

1. 投资人必须是单个公司或联合体（成员不超过两家）；
2. 根据其所在国法律正式成立并有效存在的企业法人；
3. 具有一定的从事城市给排水设施建设、运营和管理经验；
4. 企业净资产为 3 000 万美元或等值人民币以上；
5. 资本金不得低于项目总投资的 30%。

三、资格预审

通过资格审核确认其是否具有运作此类项目的经验，有能力完成本项目的融资、建设、运营、管理和污水处理设施的维护工作，并证明其具有为实施本项目所需的财务能力，符合规定的法律要求。优先选择经验丰富且实力较强的申请人参加投标。最终确定投标人不超过 7 个，不少于 3 个。

为此，所有申请参加资格预审者应提交下列文件或资料。申请人使用所附的表格或计算机打印的同样表格，如有必要，同时附适当的文字加以说明（如果申请人是联合体，则联合体的每一成员公司应分别提供各自的资料）。

1. 资质方面资料：所在国或所在地的法人有效证件，包括营业执照、法人代码证、税务登记证的复印件；原件备查。

2. 技术能力资料:申请人目前在城市给排水行业方面的技术支持能力,包括专业技术人员、管理人员的详细描述。如是境外申请人,应提供其或其母公司在中华人民共和国境内从事城市给排水业务活动的证明材料。项目经验方面的资料,必须提供相关证明材料,包括:近10年在境内外城市给排水行业的投资情况,至少包括投资额、建设规模、项目内容、投资建设时间、申请人在每个项目中承担的角色、目前的项目状态等,近10年在境内外城市给排水行业建设、运营、管理方面的情况,包括项目名称、规模、工艺,目前运营的主要状况。

3. 财务能力方面的证明资料:银行资信证明,由单个申请人或联合体申请人的每一个成员公司的法人代表或其授权代表签署的声明,申明该申请人有财务能力并愿意支付为成立项目公司所需要的资本金,同时证明,在申请人的支持下(如果需要),项目公司能通过银行贷款等融资方式筹集为实施该项目所需要的资金。如果申请人是联合体,则应说明组成联合体的各个成员计划支付的资金比例和在融资中的作用;最近3年经审计的财务报表(包括资产负债表、损益表、现金流量表以及该申请人认为必要的额外财务资料)。

4. 法律诉讼情况:提供了所要求的全部资料,在投标过程中其所提供披露的全部资料和信息均为真实的和准确的;在过去3年内,没有发生因严重违约而被逐出现场或被解除协议的情况;提供近3年的诉讼或仲裁情况;不是无力清偿债务者,没有处于受监管状态,没有破产或停业清理。

本项目参加资格预审的申请人共11家,经过资格预审最终选定了7家作为投标人参加投标竞争。

四、招标方式

1. 公开招标:市人民政府决定对污水处理特许经营采用公开招标方式选择境内外投资人,市政府授权市建设局负责本项目的招标,授权市建设局委托北京某国际招标公司,具体负责实施项目的招标工作并处理与此有关的事务。邀请已通过资格预审的投标人参加该市城市污水处理项目投标竞争。

2. 污水处理服务费竞价方式:规定通过资格预审的投标人必须对该项目中两个污水处理厂打包整体投标,只参与其中一个污水处理厂的投标,将被拒标。竞价方式采用污水处理服务费竞标,即以A污水处理厂的评估资产(7 400万元)和第二污水处理厂的项目概算为固定投资,根据约定的成本构成和预测的投资回报率测算出污水处理综合单价,竞争综合单价,以综合单价由低到高排名确定中标候选人。

3. 采用单一制综合单价定价方法:考虑到两部制价格的可操作性难度大,因此,采用了单一制综合单价竞争。基于A污水处理厂与第二污水处理厂约定的基本污水处理量和A污水处理厂20年特许期与第二污水处理厂23年特许期(包括3年的建设期),对该市A污水处理厂与某城市第二污水处理厂的起始运营的污水处理服务价格报出基本综合单价(p_0),包括综合服务费单价(p_0)和超出部分的超出服务单价(p')。

(1)基本综合单价：　$$P_0=P_1\times\frac{Q_1}{Q_1+Q_2}+P_2\times\frac{Q_2}{Q_1+Q_2} \tag{7-1}$$

式中　P_0——两个污水处理厂的综合单价(元/t)；

P_1——A 污水处理厂的污水处理单价(元/t)，污水处理费价格 p_1 构成主要是回收固定资产投资价格和运营价格两个部分，回收固定资产部分价格根据污水处理厂资产评估价格(C_1)作为固定投资，固定资产投资的资金来源为自有资金和借入资金，自有资金和借入资金比例分别为 30%和 70%，特许经营期为 23 年。运营价格根据运营成本(C')，再加上企业应获得合理收益测算。成本构成主要是运营期前两年的动力费、药剂费、污泥处置费、工资福利费、大修费、检修维护费、保险费、化验费、管理费等其他运营成本。

$$P_1=\{[30\%\times C_1\times\frac{i_1(1+i_1)^{23}}{(1+i_1)^{23}-1}]+[70\%\times C_1\times\frac{i_2(1+i_2)^{23}}{(1+i_2)^{23}-1}]\}/365Q_1+\beta C' \tag{7-2}$$

其中　C_1——A 污水处理厂的评估资产价格，元；

i_1——自有资金利息率，一般按银行长期存款利率测算；

i_2——借入资金利息率，按银行长期贷款利率测算。

Q_1——污水处理厂处理能力，t/日。

β——经营企业的投资收益率；

C'——A 污水处理运营成本，元/t。

P_2——第二污水处理厂的污水处理测算单价(元/t)；污水处理费价格 P_1 构成主要是回收固定资产投资价格和运营价格两个部分，回收固定资产部分价格根据第二污水处理厂投资估算(E)作为固定投资，包括建筑工程费用、设备购置费、安装工程费用和其他费用几部分。资金来源仍为自有资金 30%和借入资金 70%，特许经营期为 20 年。运营价格根据运营成本(C_2)，再加上企业应获得合理收益测算。

$$P_2=\{[30\%\times E\times\frac{i_1(1+i_1)^{20}}{(1+i_1)^{20}-1}]+[70\%\times E\times\frac{i_2(1+i_2)^{20}}{(1+i_2)^{20}-1}]\}/365Q_2+\beta C_2 \tag{7-3}$$

其中　E——第二污水处理厂的投资估算，元；

Q_2——第二污水处理厂处理能力(前两年按 8 万立方米/d)；

C_2——第二污水处理厂运营成本，元/t。

(2)超出水量部分单价：为便于计算，以基本水量价格 30%计算

$$P'=[P_1\times\frac{Q_1}{Q_1+Q_2}+P_2\times\frac{Q_2}{Q_1+Q_2}]\times 30\% \tag{7-4}$$

投标人建议的污水处理服务价格为运营期前两年的污水处理服务价格，对 A 污水处理厂而言，运营期前两年是指合同生效后第一年和第二年的污水处理价格；第二污水处理厂开始商业运营时第一年和第二年的污水处理服务的起始价格。污水处理服务价格是指项目公司在每一运营月处理的污水数量为基本污水处理量时，市建设局向项目公司支付污水处理费的单价。

超出或低出基本污水处理量部分的污水处理服务费按超出或低出基本污水处理与污水处理服务价格之积再乘以 30％计算。考虑税收优惠的因素，投标人所报的污水处理服务价格未计入按照适用法律对特许经营协议及其附件下提供的污水处理服务应征收的全部现在或将来的（无论是国家或是地方的）增值税或类似税收，但投标人所报的污水处理服务价格被认为已经包括所得税。

五、评标方法

1. 评标委员会组成

评标前，市建设局根据《中华人民共和国招标投标法》和国家发展和改革委员会等七部委联合发布的《评标委员会和评标方法暂行规定》，组建评标委员会，评标委员会由技术、经济、法律等方面的专家以及建设局代表 9 人组成，负责对投标文件进行评估并向招标人推荐中标候选人。

2. 投标文件的初步评审

评标委员对 7 家标书进行初步评审，审查投标文件是否完整、总体编排是否有序、文件签署是否合格、投标人是否提交了合格的投标保证金、有无计算错误等等。在评标过程中，如果发现投标人以他人的名义投标、串通投标、以行贿手段谋取中标或者以其他弄虚作假方式投标的，该投标人的投标应作废标处理；发现投标人的报价明显低于其他投标报价，使得其投标报价可能低于其个别成本的，要求该投标人做出书面说明并提供相关证明材料而投标人不能合理说明或者不能提供相关证明材料的，可以认定该投标人以低于成本报价竞标，其投标应作废标处理；投标人资格条件不符合国家有关规定和招标文件要求的，或者拒不按照要求对投标文件进行澄清、说明或者补正的，否决其投标；评标委员会将根据招标文件，审查并逐项列出投标文件的全部投标偏差。评标委员会审查每一投标文件是否对招标文件提出的所有实质性要求和条件做出响应。对关键条文的偏离、保留或反对，例如关于投标保证金、履约保证金、适用法律、税等内容的偏离将被认为是重大偏差。未能在实质上响应的投标，将作废标处理。

3. 投标文件的详细评审

初步评审合格的投标文件，评标委员会将根据投标人建议的技术方案、运营及财务方案、融资方案、法律方案、人事组织方案和投标人所报的污水处理服务价格等因素，分两个阶段，采用两阶段综合评分法进行评估。综合评分法的满分标准为 100 分。

(1)第一阶段评估：比较投标文件的技术方案、运营及财务方案、融资方案、法律方案和人事组织方案。技术方案、运营及财务方案、融资方案、法律方案和人事组织方案的评估满分为 40 分。

技术方案进行评估（满分为 15 分）：对技术方案的设计、建设、运营维护和项目未来移交方面的可行性、可靠性和质量进行评估和比较，确定投标文件是否符合招标文件的对技术方案的要求。投标人的技术方案符合招标文件的技术要求，且获得 9 分以上（含 9 分）的投标文件将被认为通过该项评估。

融资方案进行评估（满分为 5 分）：对投标文件中融资方案的财务可行性进行评估和比较，

主要包括：建议的融资结构；在能否按照协议约定的时间内达到融资交割方面的财务实力；以及两个污水处理厂的总项目成本与建议的污水处理服务价格之间的关系以及总的项目成本和技术方案的关系。确定其是否显示了在按协议约定时间内达到融资交割的能力。投标人的融资方案能够标明投标人能在融资方案中承诺的时间内完成融资交割的融资方案且获得3分以上(含3分)的投标文件，将被认为通过该项评估。

法律方案评估(满分为5分)：确认投标文件是否承诺接受招标文件的实质性条款和要求。获得3分以上(含3分)的投标人将被认为通过此项评估。

人事组织方案进行评估(满分为5分)：确认投标文件是否承诺接受招标文件对现有职工的安置，安置方案和培训方案等。获得3分以上(含3分)的投标人将被认为通过此项评估。

运营及财务方案(满分为10分)：根据项目公司在整个经营期内的连续运营的方法、保障方案；降低成本，提高质量的总体保险方案；移交方案；项目公司在经营特许期内污水处理单价调价公式的系数及其依据的表达；总成本的估算及分项估算，包括项目分项的运营成本；在特许期内项目公司预计的年度损益表，现金流量表，资产负债表，债务偿还时间表；投标人在自行评估、预测和测算后作出的项目公司大修和重置的投资计划及相应的资金安排方案等，确认运营和财务方案的可行性，获得6分以上(含6分)的投标人将被认为通过此项评估。

(2)第二阶段评估：全部通过技术方案、融资方案、运营及财务方案、人事方案和法律方案的评估的投标文件被认为通过第一阶段评估，并有资格参加第二阶段的评估。第二阶段将评估和比较投标人报的污水处理服务价格(满分标准为60分)。

污水处理服务价格评定的计分办法：以进入第二阶段评估的投标人所报的每立方米基本污水处理服务价格中的最低价为基准价，报此基准价格的投标人得满分60分(基准分)；对其他的投标人的污水处理费价格得分的计算公式为：

$$F=60-(P_n-P_1)\times 100\times V \tag{7-5}$$

式中　F——进入第二阶段评估的报最低污水处理服务价格的投标人以外的其它的投标人的污水处理价格得分；

P_1——进入第二阶段评估的投标人所报的最低基准污水处理服务价，元/t；

P_n——进入第二阶段评估的报最低污水处理服务价格的投标人以外的其它的投标人的污水处理价格，元/t；

V——反映进入第二阶段评估的投标人所报污水处理服务价格大小与得分多少关系的系数($V=3$)。

投标人的总得分为其第一阶段和第二阶段的评估得分之和。如果两家投标人总得分相同，第二阶段评估中得分较高的投标人排序靠前。评标委员会按照投标人的总得分高低进行排序，推荐前三名作为中标候选人。

4. 确定中标候选人

中标人将从推荐的中标候选人中选出。招标人可以与排名第一的中标候选人作进一步澄清与谈判，确认其投标文件条件。如果能与招标人达成一致，则该投标人会被确定为中标人。

如果招标人未能与排名第一的中标候选人达成一致，可以依次与排名第二、排名第三的中标候选人进行澄清与谈判。经谈判选定的中标候选人与该市建设局草签特许经营协议及其附件（包括谈判期间达成的修改），并经市政府批准后，作为中标人。

本次参与投标的7家投标人经过初步评审都通过的第一阶段评审，经过第二阶段的评审最后确定了5家投标人的排列次序，推荐排名靠前的3家单位为中标候选人。市建设局按排名先后与候选人进行了谈判，最终与清华同方草签了特许经营协议及附件，经市政府批准后，确定清华同方水务公司作为中标人。

六、退出机制

1. 自愿退出

项目公司的自愿退出主要有不可抗力、法律变更、建设局违约导致的协议中止。

(1)不可抗力造成的终止：如果任何不可抗力事件阻止一方履行其义务的时间自该不可抗力事件发生日起连续超过四十五天，双方应协商决定继续履行本协议的条件或者同意终止本协议。如果自不可抗力发生后四十五天之内双方不能就继续履行的条件或终止本协议达成一致意见，任何一方可以在给予另一方书面通知后终止本协议。

(2)法律变更阻止履约：如果由于法律变更致使项目公司不能履行其在本协议项下的义务，项目公司有权终止履行其在本协议项下的义务。

(3)建设局违约导致协议中止：如果不是由于项目公司违约或由于不可抗力所致，如果有允许的纠正期限而在该期限内未能纠正，即构成市建设局违约事件，项目公司有权立即发出终止意向通知。建设局为履行本协议项下的其他义务构成对本协议的实质行违约，并且在收到项目公司说明其违约并要求补救的书面通知后四十五日内仍未能补救该实质性违约。

2. 强制退出

出现以下情况，市建设局有权立即发出终止意向通知。

(1)项目公司未能根据协议的要求提交履约保函；

(2)项目公司未能根据协议的要求向建设局支付开发费；

(3)在任何一个运营年，出水未达到水质标准的情况总共超过三十个运营日；

(4)未经建设局事先书面同意，连续十四天时间中止对项目的运营；项目公司未能根据本协议运营和维护项目设施，致使在项目场地或附近的人员和财产的安全受到严重不良影响；

(5)贷款人开始实施其在担保协议项下的担保权利；

(6)项目公司在本协议中作的声明被证明在提供时严重有误，使项目公司履行本协议项下义务的能力受到严重不利影响；

(7)项目公司、其雇员或分包商蓄意损坏或破坏建设局进水管网的任何部分；

(8)项目公司未能履行其在本协议项下的任何其他义务而构成对本协议的重大违约，并且项目公司在收到建设局发出说明该违约的书面通知和要求项目公司对此进行补救后的四十五天之内未能补救；

(9)项目公司根据协议的要求应支付的违约金数额达到履约保函的最高额；

(10)不经过建设局同意的削减和暂停等。

3. 退出程序

有中止意向的一方向另一方发出终止意向通知，同时应向贷款代理人发出一份复印件。发出的任何终止意向通知应表述引起发出该通知的详细的情况。在终止意向通知发出之后，双方应在二十天协商期内，协商避免本协议终止的措施。如果项目公司和市建设局就将要采取的措施达成一致意见，并且项目公司或市建设局在相应的协商期或双方可能同意的更长的时间内采取了纠正措施，终止意向通知应立即自动失效。如果在发出终止意向通知后，在协商期满之日前未得以补救，则有权在上述日期之后的任何时候发出终止通知终止本协议。协议终止后，除在该终止或期满前产生的义务外，双方在本协议项下无其他义务。协议中止后双方协商协议中止后的有关移交和赔偿事项。

第四节　第二污水处理厂建设监管

一、监管机构的设立

市建设局成立了由 7 人组成的特许经营建设和运营监督委员会，建设和运营监督委员会的人员主要来自城市排水公司的技术、财务和运营管理方面的专业人员组成，其职能主要负责第二污水处理厂的建设监督和 A 污水处理厂、建成后的第二污水处理厂的运营监督管理工作。

二、建设投资控制

1. 投资前期决策控制

在投资策划和可行性研究阶段，委托华北市政工程设计院进行项目的可行性研究，对项目的投资进行投资估算，经建设主管部门和计委审批后，该市建设局委托华北市政工程设计院进行了初步设计，初步设计概算为 130 000 万元。

2. 特许经营招标

严格审核投标的技术方案，审核投资预算，在水价合理的前提下，保证投资在控制限额内。确立了设计优化激励机制，明确了在投资概算限额内，对由于设计优化节约的投资归投资人所有。以初步设计概算作为招标投资控制，通过招标竞争，最终确定了第二污水处理厂的建设投资为 9 145.00 万元，见表 7-6。

3. 严格控制前期工作费用

建设局代项目公司完成的工作有项目的规划方案、规划选址、测绘勘察；项目建议书、可行性研究报告和初步设计的编制和审查批复；污水处理厂场地征地、所有地上物拆迁和土地平整、围墙的建设；污水处理厂场地以外污水处理厂所需的供水、燃气、雨水、电力、道路、污水处理厂进退水管线等市政设施的建设，临时用电接至规划红线处，临时用水接至规划红线处，临时进场道路建设至红线处。建设局通过招标选择了某城市市政工程公司为承包商,并明确规定了费用限额管理,严格控制前期的费用,前期费用为 2 324.56 万元。

表 7-6 某城市第二污水处理厂总初始固定投资(万元)

序 号	名 称	总计(万元)	进口(万元)
1	前期和预生产费用	2 324.56	
2	建构筑物土建	2 544.54	
3	设备购置费	3 028.47	1 858.7
4	管材管件及安装费	487.09	
5	建设期贷款利息	426.30	
6	铺底流动资金	334.00	
小 计		9 145.00	

4. 设定融资交割时间

特许经营协议规定,项目公司已签署并向贷款人递交所有融资文件,包括满足或放弃融资文件要求的获得首笔资金的每一前提条件;或项目公司能够获得项目融资,同时应一并收到本文件和融资文件要求的股本投资人的认股书或股本出资。视为完成融资交割。

5. 规定履约保函

为保证项目公司能够切实按协议约定,履行污水处理设施的设计、建设和运营维护的义务,协议要求项目公司担保总额为 1 000 万人民币(或等值人民币的外币)。履约保函由可被政府接受的金融机构出具。履约保函的有效期为草签项目协议后二十之日起至本特许经营权解除之后六个月为止,保持有效。

6. 要求项目公司购买工程保险

要求项目公司在整个建设期内自费投保并保持货物运输险、完工延迟险、建筑安装工程一切险、完工延迟险、第三者责任险、其他通常的、合理的或者遵循贷款人及适用法律要求所必须的保险。如果项目公司未取得所要求的保险或未向市建设局提供上述保险单、保险费付款凭据、续保证明及保险批单凭据等的复印件,则市建设局有权购买这类保险,费用由项目公司承担。但是,如果从保险公司处无法获得,或无法以合理的商业条件获得该等保险,则项目公司没有义务获得该等保险。

7. 合理控制各种意外投资

在整个特许建设期内,合理界定和控制工程建设过程中的各种意外支出,对于明显属于前期工作失误,如决策失误、勘查失误、意外地质状况等造成的投资增加,予以合理确认,追加投资。不可抗力原因造成的投资增加,要求项目公司购买工程保险,通过工程保险获得补偿,无法获得保险的由双方共同协商承担风险。除此以外,追加的费用完全由投资人承担,不计入项目建设投资。由于在项目建设期国家排放标准的提高,项目的工艺由原来的二级排放标准提高为一级 B 标准,由此造成投资增加 3 000 万元,经建设局最终确认总投资为 1.25 亿元。

三、建设进度控制

1. 建立进度控制目标体系

依据已经审批的项目建议书、可行性研究报告、项目投资计划及其他有关批文以及国家或地方制定的有关工期定额确定第二污水处理厂建设工期为 2 年。明确了重要里程碑控制目标(表 7-7)。以政府的总进度目标作为污水处理厂建设总进度目标,以此制定政府前期工作计划和项目公司建设进度计划。

表 7-7　第二污水处理厂进度控制目标

重大里程碑事件	进度日期(特许经营协议生效日起)
建设局完成前期工作	生效日期后六个月
建设局交付项目场地	生效日期后六个月
项目公司开始建设工程	生效日期后六个月
建设完工日	生效日期后二十四个月
开始商业运营	生效日期后二十五个月

2. 加快前期工作进度

为了加快污水处理厂的建设进度,污水处理厂建设前期工作,如征地拆迁、场地平整、进场道路的建设、临时围墙、临时供水、供电等工作交由市建设局前期完成,特许经营协议签署以后,投资人对前期工作予以确认并支付相应的费用。考虑到特许经营招标及合同谈判时间相对较长,为加快建设的进度,在项目的可行性研究结束后,市建设局在特许经营招标的同时开展前期工作,并把初步设计工作直接委托华北市政工程设计院进行,有利于特许经营协议签署以后项目公司顺利开展各项建设活动,加快了项目进度。

3. 项目公司建设进度控制

(1)严格审批项目公司进度计划

项目公司在合同要求的时间内应向政府机构提交了工程总进度计划,以及工期保证计划。监督机构组织相关专业人员对进度计划进行认真审核,确认了进度计划和工期保证体系(图 7-3)。

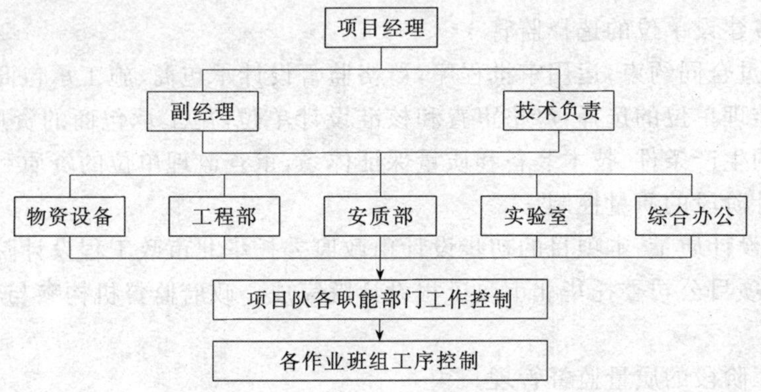

图 7-3　项目公司工期保证体系

(2)进度计划实施与监督

在工程实施过程中,要求项目公司在合同规定的时间内向政府监督机构提交污水处理厂建设上月的工程进度报告和监理月报,详细说明已完成的和在建的建设工程情况、其余的进度日期的进展情况、预计完成工程的时间以及政府监督机构合理要求的其他事宜。政府监督机构应密切注意计划进度与实际进度间出现的偏差,加强与项目公司的协调与沟通,分析进度偏差的原因。共同提出调整进度计划和目标的方案。

(3)建立进度控制的约束激励机制

考虑到配套管网的建设必须同步,第二污水处理厂建设期与经营期分开,建设期为 3 年,经营期 20 年。在排除不可抗力因素和由于政府原因而造成工期拖延外,如果项目公司未按合同约定的建设期限内最终完工第二污水处理厂的建设,延误第一个月,向建设局支付违约金:人民币 1 万元/日;第二个月,向建设局支付违约金:人民币 2 万元/日;第三个月,向建设局支付违约金:人民币 3 万元/日;延误三个月以上,向建设局支付违约金:人民币 5 万元/日。

(4)加强政府部门与项目公司的协调沟通

为了加快项目的进度,建设局和项目公司共同成立建设协调小组,负责协调项目公司与政府质量监督部门、市政、环保等相关部门的关系,提高政府部门的办事效率,保证项目的进度计划的顺利实施。

四、建设质量控制

1. 提高前期工作质量

项目建议书通过主管部门批准以后,市建设局即委托工程咨询单位组织编制建设项目的可行性研究报告,开展详细可行性论证工作。可行性研究报告经审查通过后报送主管部门审批。在招标阶段,严格招标程序,根据技术方案、融资方案、人事组织方案、法律方案以及运营为化方案等进行综合评价,确保选出有实力的优秀的投资人。并以特许经营协议形式明确质量目标。

2. 加强建设阶段质量控制

(1)加强对各建设单位的选择监管

市建设局通过合同约束,运用审批程序,严格监督设计承包商、施工承包商、设备供应商等各承包商,以及监理单位的选择,严格审查和核准设计单位、施工承包商的资质和质量保证体系,设备供应商的生产条件、技术装备和质量保证体系,审查监理单位的资质和监理规划。

(2)加强设计阶段的质量控制

为保证项目设计质量,本项目的初步设计由政府委托华北市政工程设计院完成,项目的施工图设计也要求项目公司委托华北市政工程设计院完成。政府监督机构参与项目公司对施工图设计的审查。

(3)加强施工阶段的质量监督管理

施工期间对质量的控制是通过某城市质量监督站实施监督,质量监督机构与监理单位加强联系，采取定期检查和不定期抽查的方式进行监督与控制。

(4)严格竣工验收质量

项目最终完工后由项目公司通知政府部门组织竣工验收并进行性能测试，以确认项目的性能符合协议和适用的法律规定的设计标准和规范；如果项目设施未通过性能测试，则要求项目公司采取必要的改正措施后，重复进行检查和测试，确保项目质量符合协议和适用的法律规定的设计标准和规范。项目公司应对纠正行为而增加的费用或发生的错误负责，并承担双方因重复性能测试而发生的费用。

第五节　两个污水处理厂运营监管

一、质量监管

1. 进水、出水的水质检测

(1)水样的采集与保存

水样的采集应满足国家标准《水质采样方案设计技术规定》(GB 12997—1991)和国家标准《水质采样技术指导》(GB 12998—91)的要求。水样储存应满足国家标准《水质采样样品的保存和管理技术规定》(GB 12999—91)的要求。进水水样和出水水样均应每日连续 24 h 使用自动采样设备采集水样。采样设备采样间隔不得大于 1 h，每日于 9:00 提取采样设备采集的混合水样。每次提取的水样应分装 A 和 B 两瓶，A 瓶用于项目公司自行检测，B 瓶作备用水样，每瓶备用水样应不少于 2 000 ml，瓶上须明确采样日期和采样点，进水和出水的备用水样须分开在 4 ℃保存，保存时限为 48 h。

(2)水质检测

项目公司可以自行检测或委托经政府指定机构同意的具有正式资格的水质检测机构，按照协议要求的检测程序、办法、标准和频率，就污水处理厂进水水质进行连续的在线检测，对处理后的出水中对环境安全十分重要的指标：五日生化需氧量 BOD_5、化学需氧量 COD_{Cr}、悬浮物 SS、NH_4-N、磷酸盐，进行进水、出水的日常取样、检测和分析。项目公司应记录或促使记录每次日常检测和在线检测的所有结果，并在上述检测完成后的规定时间内向政府指定机构报告检测的结果。建设局应有权在任何时候对项目公司的检测程序、结果、设备和仪器进行现场检查，或者进行令其对出水质量满意所必需的进一步检测，也可以委托有正式资格的水质检验机构进行此种检测。

(3)进水、出水水质超标的核定

如果进水水质中任何一项指标超出设计规定的五项主要的水质指标标准，则视为进水水质超标。如果任何一种出水水质指标超过出水质量标准，当日出水应视为超标。污水处理厂进水水质检测点为进水泵房前池，出水水质监测点为处理出水排放出口处。

(4)进水水质不符合进水质量的责任

如果当月实际的进水污染负荷总量大于协议中的约定值(即 $P_m>0$)，则应对项目公司进行污水处理费用补偿;如果当月实际进水水质负荷总量小于协议中约定值(即 $P_m<0$),则支付给运营公司的结算污水处理费将相应减少。在特许协议中约定,当每月实际污染负荷总量与实际相差超过5%双方才进行调整结算式(6-1)。如果进水水质持续2个月超过协议规定的进水规格或国家污水处理排放标准提高,项目公司可向政府指定机构提出申请,通过改变或增加污水处理设施、工艺及设备等方式,实现污水处理出水达标排放。项目公司实施更改方案引起运营成本或资本支出的增加,应尽快就方案更改及成本或支出的增加情况向政府指定机构汇报,在得到政府监督机构批准后,由政府指定机构向项目公司支付增加的费用,但因此形成的新增项目设施之所有权归政府所有,对其任何形式的处置均应按转让协议规定的有关原则进行。在未获得政府指定机构书面同意之前,项目公司不得实施更改方案。在解决方案未能确定和实施之前,且项目设施已按设计最大处理能力运行的情况下,项目公司免于承担未达标排放的责任。

(5)出水水质不符合出水标准的处罚

就协议规定的五项日常检测指标,如果政府指定机构或委托的水质检测机构在任何月份内的某一运营日进行有关核实,出水水质取样分析的结果不满足规定指标值时,则确认自政府指定机构上次核查日至本次核查日期间内不符合出水水质标准。除非由于不可抗力事件发生或政府指定机构违约或协议规定的其他情形,项目公司如未能在运营期间排放符合出水水质标准的出水,项目公司应向政府指定机构支付相应的罚金。罚金的计算见式(6-3)。

2. 污水处理水量监管

(1)基本保证水量

根据盈亏平衡分析,将利润取为0,A污水处理厂2002年实际发生平均变动成本为0.20元/t,A污水处理厂固定投资7 400万元,按照23年平均折旧,年固定成本为321.71万元,每年按300 d计算,单位固定成本为:3 217.71/300×6.5,合同单价为0.65元/t,得到A污水处理厂保证水量为:

$$Q_0=\frac{C_0}{p_0-C_v}=\frac{3\ 217.71/6.5\times 300}{0.65-0.20}=3.66(\text{万吨}) \tag{7-5}$$

第二污水处理厂的变动成本依据A污水处理厂测算数值,固定投资以合同最终确定的投资额9 145.00万元,人工成本取当地平均工资水平,大修理基金按2%计提摊销,管理费按10%计提,参考A污水处理厂的变动成本0.2元/t。测得第二污水处理厂保证水量为6.77万吨(取6.8万吨)。

(2)污水处理水量标准

协议规定额定水量的确定是以项目公司在一个连续运营周期(月)内的日平均进水量确定。运营期第一年至第二年,基本水量为A污水处理厂的每一个运营月内日平均6万立方米;从第三个运营年起至第二十个运营年结束,基本水量为每一个运营月内日平均15万立方米,其中A污水处理厂的每一个运营月内日平均6万立方米,第二污水处理厂的每一个运营月内日平均9万立方米;从第二十一个运营年起至第二十二个运营年结束,基本水量为每一个运营月内日平均9万立方米(仅为第二污水处理厂的每一个运营月内日平均水量);在计划内暂停服务期间,基本水量为每日实际处理并达标的实际处理水量。以污水处理厂的正常运营为前提,市建设局应就基本水量支付基本污水处理服务费。

(3)实际污水处理量的检测和计量

协议规定污水处理厂的实际进、出水水量在污水处理厂进、出水口检测计量。在某个运营月内的满足进水水质要求的实际进水总污水量应等于所有进水流量计所记录的水量减去该流量计上月记录的进水量($Q_J(n)$)式(6-9)。在某个运营月内的实际满足出水水质要求的总出水量应等于所有出水流量计所记录的水量减去该流量计上月记录的出水量($Q_C(n)$)(式6-10)。

(4)处理水量不达标的处罚

衡量项目公司水量是否达标通过对比每个运营月的达标进水总量($Q_J(n)$)和达标出水总量($Q_C(n)$)确定,只要两者误差在1%范围,即认为项目公司完成了污水处理的额定水量要求。如果误差超过1%,则认为没有达到额定的处理水量要求。必须采取相应的处罚措施,罚金的计算式(6-11)。

(5)超额处理水量的确定和处理

对于超出设计规模10%以内污水量,需要对超出的处理水量部分进行合理补偿。超额水量的确定以每个运营月内的日平均流量测算,补偿计算式(6-12)。对于超出设计规模10%以上的污水进水量,允许项目公司通过超越管排出。

3. 污泥处置、气体、噪声监管

协议规定污水处理厂污泥处置、气体、噪声由项目公司自行检测或委托有检验资质的检测机构进行检测,并将监测结果上报当地环境保护部门,直接由当地环境保护部门进行监督和管理。

二、价格管理

1. 特许经营定价方法

协议明确了污水处理的价格构成为污水处理经营成本加上污水处理经营企业的合理收益。考虑到两部制价格的可操作性难度大,建设局与咨询机构协商最终确定了采用综合成本加成定价法。明确了成本构成包括污水处理的运行成本(如直接材料、直接人工费、管理费等)和固定资产折旧以及融资成本,然后按照设计污水处理能力,把全部成本分摊到单位污水量上,在此基础上加上经营企业按目标利润率计算的利润额,即为服务价格(式6-15)。

2. 调价机制

根据目前国内特许经营的经验,确定了采用调价公式法调价。协议确定了引起价格变动的基本因素包括人工、药剂、电价、企业所得税、污泥处置费,采用的调价公式为式(6-20),调价时间为每2年调价一次,但第一次调价自A污水处理厂的第四个运营年1月1日起执行。当污水处理基本单价调整时,污水处理超进单价相应也需要同时按照式(6-21)进行调整。

三、运营安全监管

1. 严格审查运营安全保证计划

招标阶段，协议明确要求项目公司根据有关公共卫生和安全的适用法律和批准以及特许经营协议的规定，提交项目公司连续运营的方法和保障方案，内容包括确保污水处理厂的连续、正常安全运营计划、大修或重大技术改造计划、计划内暂停服务计划以及进水水质超标和国家标准变化时的解决方案，出现污染事故时，水质预警紧急处理预案等。严格审核其可行性和完备性。

2. 加强污水处理设施维护、修理和重置监管

在项目特许协议签署的同时，要求项目公司根据维护计划就设备维修、养护等事项向政府指定监管部门提交一份项目设备维修、养护手册，以作为未来监管的主要依据之一。检验与维护手册应包括污水处理厂的电器运行设备、机电运行设备等具体维护计划，进行定期和年度检验、日常维护、大修维护、更新年限、更换年限和年度维护的程序和计划，以及调整和改进检验及维护安排的程序和计划。同时，手册还应该列明污水处理厂正常运营所需的消耗性备品、备件和事故抢修的备品、备件。政府指定监督机构及其代表在不干涉、延误或干扰项目公司履行其协议规定的义务下，有权在任何工作时间进入污水处理厂，以监察污水处理设施的运营和维护状况。根据项目公司提交的运营和维护手册和项目运行、维护、更新、重置计划，检查和监督项目公司的运营维护、修理和更新重置计划落实情况。

3. 设施维护和保养的约束机制

为了确保项目公司在特许经营期内对污水处理设施进行正常的维护、保养和重置，协议要求项目公司向政府提交维修保函，维护保函的数额为400万元，从污水处理厂开始商业运营日开始，至项目移交后的保修期满为止。

4. 资产或协议转让的限制

除了进行项目融资外，未经政府机构事先书面同意，项目公司不得对其在特许经营协议或其他项目协议下的权力和权益，包括土地使用权，项目设施或用于项目的项目公司的任何其他主要资产，进行抵押、质押、设置滞留权或其他方式加以处置。为了项目融资，在政府机构批准的情况下，项目公司可以将其在特许经营协议下的权力和权益，包括项目公司的土地使用权、项目设施、动产、不动产、无形资产、项目公司的收益和项目公司的任何其他权利（包括与项目公司的银行账户有关的权利），以抵押、质押或以其他方式转让给贷款人。

5. 严格控制突发事件和计划外暂停运营

项目公司如果在紧急情况下认为按照谨慎运营惯例必需削减或关闭处理进水服务，减少出水排量或者关闭污水处理厂，应立即将此种削减或关闭书面通知建设局。至少提前四十八小时向建设局发出有关任何此种削减或暂停的书面通知。此种通知应包括根据项目公司的最佳判断，削减或暂停情况可能持续的时间，连同对此种情况发生原因的详细描述，包括任何有关项目公司声称不可抗力或建设局违约的详情以及正在采取的针对此种情况的补救措施：以

及获得建设局对削减或关闭的事先批准，并且采取一切必要措施使污水处理厂尽快恢复紧急削减或关闭前的状态。而建设局应在收到该通知后二十四小时内表示是否给予批准。

项目公司应于每个运营年末，提交下一年度维护计划，将重大维护和更新工作通知政府或指定机构，如果有计划内暂停服务，项目公司应提前将暂停服务的预定日期通知政府或指定机构。大修或重大技术改造时，须事先取得政府批准。除计划内暂停服务，以及由于政府或不可抗力因素导致不能正常运营，其他任何情况下，项目公司不得削减污水处理量或停运污水处理厂。对于项目公司计划外的暂停服务将依据水量和水质要求进行处罚。

6. 加强污水处理厂资产移交监管

(1)确定移交范围和质量要求

在特许经营期结束或终止后，项目公司应向市建设局无偿、完好移交项目公司对项目设施的一切权利和所有权益。项目设施在移交日符合特许经营协议要求的移交标准和规定安全、环境标准，项目设施得到了良好维护并处于良好的运营状况；同时，移交的资产和权益在移交时不存在任何留置权、债权、抵押、担保物权或任何种类的其他请求权；污水处理厂场地在移交时不存在因建设、运营和维护项目设施导致的或项目公司另外引起的环境污染。项目公司还应聘请政府认可的有资质的质量评估机构对污水处理厂建(构)筑物、设施和设备进行质量状况评估鉴定，并出具设施质量评估鉴定报告，作为移交技术文件的附件。

建设局要求项目公司在移交前6个月内对项目设备进行一次恢复性大修。最后恢复性大修完成后并在移交日之前一个月内，项目公司应提前通知建设局代表到场，联合进行项目设施的性能测试。只有测试结果符合协议所规定的各项保证功能标准，才可进行资产移交。

(2)明确移交程序

特许经营期结束前，政府指定监督机构和项目公司应成立由政府机构代表和项目公司代表联合组成的移交委员会，移交委员会根据协议的约定明确需要移交的设施清单和相关权利，确认移交的质量标准，协商确定设施移交的程序。双方同时提交负责移交的代表名单。在特许经营期满或终止之日，政府机构代表和项目公司代表根据协议所列清单，共同对污水处理厂现有的项目设施及技术文件进行逐项清点和登记，转让记录由双方代表签字予以确认，即为项目设施移交完成。自移交日开始，除协议另有规定或双方至移交日止发生且尚未支付的债务外，项目公司在特许经营协议下的权利和义务立即终止。

(3)设施移交保证期

项目公司必须保证在污水处理设施移交日后6个月内，设施运转平稳、正常。对于由于材料、工艺或设计缺陷或特许期内项目公司的原因造成的项目设施出现的任何缺陷或损坏，由项目公司负责修复。政府机构一旦发现上述缺陷或损坏，最迟必须在保证期结束前及时通知项目公司。项目公司收到该通知后，应尽快修正缺陷。在某些紧急情况下，或者项目公司在政府指定机构通知后的合理时间内不能或拒绝修正缺陷，政府指定机构有权自行进行修正，相关的修理费用应该由项目公司支付。

附1:江苏省H市污水处理特许经营资格预审文件

第一部分　资格预审须知

经H市人民政府授权,H市城市建设局将采用公开招标的方式在境内、外选择投资人,选定的投资人将依照中华人民共和国的法律设立有限公司(以下简称“项目公司”),H市城建局将授予项目公司特许权。项目公司将全额特许运营H市城建局下属的H市A污水处理厂,并同时全权对H市第二污水处理厂进行融资、建设和运营。特许期满,项目公司将安市A污水处理厂和H市第二污水处理厂的设施全部完好、无偿交给H市城建局。

鉴于《通过公开招标方式选择境内外投资人特许经营H市A污水处理厂同时建设、运营和移交H市第二污水处理厂项目—资格预审公告》已于2003年　　月　　日刊登于《中国日报》、《中国证券报》、中国国际招标网、中国采购与招标网等公开媒体。现发布《H市A污水处理厂全额转让经营权和同时建设、运营和移交H市第二污水处理厂项目—资格预审须知》(以下称“本须知”)如下。

1. 定义

项目招商人:本项目招商主体,即江苏省H市建设局(以下简称“城建局”)。

项目招商代理人:项目招商人为完成本项目招商工作而委托的招商机构,即北京某国际招标公司(以下简称“招标公司”)。

项目招商方:项目招商人与项目招商代理人的合称。

项目评审组:负责项目评审工作的组织。

排水公司:H市H城市排水有限公司。

单个公司:指单独申请本项目资格预审的企业。

联合体:指由两个以上企业组成的,共同申请成为本项目资格预审申请人的组织。

牵头公司:指在联合体中占份额比例最大、承担主要责任的成员企业。

成员公司:指联合体中除牵头公司以外的企业。

资格预审文件:指项目招商方在项目资格预审阶段发布的关于资格预审的程序和要求的文件,包括本须知及其附件。

资格预审申请文件:指预审申请人按照资格预审文件的要求而制作的,表明预审申请人有关情况,并有意参加资格预审的文件。

招商文件:指项目招商方在项目招商阶段发布的关于招商阶段的程序和要求的文件,包括招商须知及其若干附件。

投资申请文件:指投资申请人按照招商文件的要求而制作的,表明招商申请人有关情况及参加招商竞争的文件。

2. 项目简介

项目名称:全额出让 H 市 A 污水处理厂的特许经营权给投资人,其处理能力为 6.5 万立方米/日,AB 工艺,2001 年建成;投资人同时建设、运营和移交 H 市第二污水处理厂,其处理能力为 10 万立方米/日,初步设计的污水处理工艺为 A^2/O 工艺。

项目地址:项目位于中华人民共和国江苏省 H 市市区。

项目目的:H 市城建局将其下属的 H 市 A 污水处理厂一定期限的经营权转让给一家中华人民共和国境内或境外企业进行经营,并同时授权该企业对 H 市第二污水处理厂进行融资、建设和运营,以达到提高污水处理厂建设、管理和运行的水平,改善 H 市市区的生态环境的目的。

项目的详细情况见《H 市污水处理招商引资项目简介》。

特许权期限:23 年,含 H 市第二污水处理厂的建设期。

项目协议签订人:项目公司将与城建局签订项目协议。

招标委员会:H 市政府为实施项目的招标工作,已经成立了项目招标委员会,负责组织协调项目的招标工作。招标委员会下设招标办公室。招标委员会已聘请北京某国际招标公司协助其完成招标工作。

3. 资格预审

3.1 申请人应具备的条件

根据其所在国法律正式成立并有效存在的企业法人;具有从事一定规模的市政公用设施建设、管理和运行经验;企业净资产为规定的限额以上。

3.2 申请时需要提交的申请文件

所在国或所在地的有效的公司成立、注册登记和税务登记文件的复件。

银行资信证明。过去 8 年从事过总投资在限额以上的投资经营和或融资建设项目的详细说明,至少包括这些项目的规模、性质、项目结构、申请人在每个项目中所担任的角色、目前的项目运营情况等

最近 3 年经审计的财务报表(包括资产负债表、损益表、现金流量表以及该申请人认为必要的额外财务资料),证明如果申请人中标,其有能力按照招标文件的要求出资设立项目公司完成融资行为。

申请人为联合体时,联合体的每一成员应视作单独申请人并提交上面所要求的全套文件,还须确认:投标书将由联合体所有成员或其各自正式书面授权的代表签署,明确联合体中股份比例最大的成员或成员之一作为牵头人,与招标委员会之间的来往函件将通过牵头人传递。

申请人提供的证明材料必须翔实、准确。任何不真实的数据或不诚实的陈述将导致预审

申请人丧失通过资格预审的可能。出于限制竞争的目的而与其他预审申请人协商、合谋或其他方式而形成的预审申请文件将被视为无效。资格预审评估工作将完全依据申请书提供的资料或者应招标委员会要求申请人所做的补充澄清资料进行。如果没有提供具体证明材料，在某一领域的"公认的声誉"，将不构成资格预审合格的依据。

4. 评审标准

项目经验：从事过总投资在限额以上的投资项目；曾经以工程承包或建设管理的方式参与过一个项目建设；成功运营和维护过一个设施；技术能力能够负责建设或运营限额以上项目。必须至少达到投资、建设、运营和技术 4 项标准中的 2 项的基本标准，若申请人为联合体的，则牵头人至少具有上述经验中的 1 项。

财务能力：净资产超过限额以上。若申请人为联合体，则牵头人的净资产不得少于限额以上。

法律要求：提供了所要求的全部资料，在投标过程中其所提供披露的全部资料和信息均为真实的和准确的；在过去 3 年内，没有发生因严重违约而被逐出现场或被解除协议的情况；不是无力清偿债务者，没有处于受监管状态，没有破产或停业清理。

在满足上述基本标准的前提下，优先选择经验丰富且实力较强的申请人参加投标。投标人不超过 7 个，不少于 3 个。

5. 招标的程序及原则

资格预审合格的申请人将被邀请参加投标，投标将按照投标人须知中规定的程序进行，投标程序将遵循国际认可的竞争性招标准则。招标的原则和程序如下：

为使投标人了解污水处理厂的情况，招标委员会将在招标文件中尽量提供其所掌握的全部有效资料，以利于投标人进行全面评价。由招标委员会发售的招标文件将作为本项目招标的唯一正式文件。如果本资格预审中的有关描述与招标文件内容不一致，应以招标文件为准，且招标委员会将仅以中文方式提供任何文件。

招标委员会将于2003 年____月____日之前书面通知资格预审合格申请人的适当期间出售招标文件。

招标委员会将在出售招标文件后一周内安排投标人赴 A 污水处理厂和 H 市第二污水处理厂现场调查并召开标前会议，澄清投标人提出的任何问题。在投标截止日二十天前，投标人可以随时提出需要招标委员会回答的问题和需提供的条件。招标委员会将在不迟于投标截止日之前十五日对潜在投标人提出的问题进行澄清。

投标人应按招标文件的要求准备投标文件并按照招标文件中规定的标准准备一份投标保证金。投标人应按投标须知中规定的时间和地点提交投标文件。在投标文件截止时刻后提交的投标文件将在保持其未拆封状态下，立即退回该投标人。

投标文件应满足招标文件中的条款、条件和要求。资料不完整、不规范或不符合招标文件要求的投标文件以及未按招标文件要求提交投标保证金的投标文件将视为无效。投标人在投标有限期内撤回投标的，投标保证金将不予退。

开标时间定在投标文件截止时间的同一时间,投标人可以委派代表参加开标。

开标后,招标委员会将在二周内或招标委员会书面通知的适当周期内完成评标。

招标委员会可以要求投标人澄清他们的投标文件,以利于对投标文件进行检查、评审和比较。在澄清过程中招标委员会将不寻求,也不允许投标人对投标书进行任何实质性的改动。

如果投标人对招标委员会、评标委员会及其任何人员施加影响或行贿,或采用不正当手段或有其他不法行为,其投标无效并没收投标保证金。

招标委员会将对所有符合招标文件规定的投标文件进行综合评估和审查,并确定2~3家标明先后顺序的中标候选人。

城建局将按照顺序与推荐的中标候选人进行澄清与谈判、确定中标人,并与中标人草签项目协议。

草签项目协议后,项目公司应负责准备与设立项目公司所需的文件,办理审批和登记程序。如上述文件因为草签的项目协议内容未获得批准,双方应就集团提出异议的问题继续谈判并修改项目协议,直至正式获得批准。

在获得项目公司成立的正式批准后,中标人将按照中国法律的规定正式注册成立项目公司。

项目公司注册成立后,双方立即正式签订项目协议。

项目协议正式签署生效后,中标委员会将向所有投标人书面通知此招标结果。项目公司开始运营A污水处理厂和开始融资建设第二污水处理厂。

第二部分 项目概况

1. 项目背景资料

1.1 H市概况

H市地处苏北腹地,是一座历史久远的古老城市,也是一个经济快速发展的新兴城市。改革开放以来,特别是"九五"以来,H市经济社会持续快速发展,综合实力显著增强,人民生活明显改善,城乡面貌发生了很大的变化。2001年,H市GDP为329亿元,城区(污水处理区)人均GDP为14 214元。2001年末,市区建成区面积75 km²,人口73万,其中污水处理厂服务区内常住人口55.8万人,流动人口15万人。

1.2 H市城市供水现状

H市现有三座水厂,供水能力为25.5万立方米/日,其中:北京路水厂供水能力为10万立方米/日,城南水厂供水能力为10万立方米/日,淮阴区水厂供水能力为5.5万立方米/日,2000年实际供水17.25万立方米/日。

H市目前有自备井154口,供水能力为14.94万立方米/日。地下水允许开采量为8万立方米/日,2000年实际取水3.45万立方米/日。2000年自备河水3.29万立方米/日(其中40%为循环水)。另外尚有1.21万立方米/日未统计在内的自备水。因此,2000年实际总供水量为25.20万立方米/日,供水总人口为73万人,综合用水指标为345升/(人·日)。

1.3 H 市城市排水现状和规划

2001 年 H 市城区自来水用水量 3 413.61 万吨，自备水用水量 2 054 万吨，人均年用水量 77.23 t。到 2001 年末，城区污水排放量为 16.8 万吨/日，远期污水排放量为 39 万吨/日。现大量污水未经处理直接排入河道，使城区水质逐年下降，对 H 市国民经济可持续发展，对市民的身心健康都会产生极为不利的影响。

近年来，为了加快水污染治理、改善城市生态环境，H 市政府于 1989 年和 1999 年兴建了 A 污水处理厂第一、二期工程。

根据 H 市污水处理的总体规划和国家南水北调东线工程建设的要求，H 市政府决定从 2002～2006 年建成 H 市第二污水处理厂。

根据城市总体规划，市区近期将维持合流制和分流制共存的排水体制，由于老城区改造难度大，一时难以实现分流，因此为尽快解决污水排放对河流的污染问题，先实施截流，将截流的污水送至污水处理厂进行集中处理，同时向分流制过渡，至 2010 年实现分流制。

2. 要转让的两个污水处理厂概况

2.1 A 污水处理厂

A 污水处理厂的一期工程于 1989 年和 1999 年分别投资 1 200 万元和 8 950 万元兴建了 A 污水处理厂第一、二期工程。一期工程为一级处理，规模为日处理量 3.5 万吨；二期工程是在一期工程基础上扩建而成，原有的构筑物和设备基本上都被更换了，工艺由一级改为二级处理，采用 AB 工艺，日处理规模提高到 6.5 万吨，占地面积 70 多亩，管网 15 km（含提升泵站一座），服务面积 13 km^2，服务人口 10 万人。

厂区资产约 7 400 万元（待评估）。现已建管网资产约为 1 100 万元。

A 污水处理厂工程的现有负债为：丹麦政府贷款 2 436 万丹麦克朗（需 8 年等额偿还完；每年 2 次无息还款），国债转贷本金 3 200 万元，2004 年起五年还清，其中 2 000 万元年息为 5.5%，1 200 万元年息为 2.55%。所有债务约为 6 200 万元人民币。在经营权转让后所有债务将转由 H 市政府财政来负责偿还。

2.2 H 市第二污水处理厂概况

将要引资建设的 H 市第二污水处理厂一座，A^2/O 工艺，处理规模为 10 万吨/日，根据初步设计，厂区概算投资约为 13 000 万元。

二污水处理厂配套管网约 47 km，提升泵站 5 座，根据初步设计，管网概算投资约为 13 500万元，管网泵站不在这次引资范围内，将由 H 市 H 城市排水公司负责建设，资金来源 A 污水处理厂转让资金、地方政府可从国家申请到的南水北调专项补贴资金和部分财政资金。

污水处理厂占地 102 亩，处理处置按填埋办法处理。

进水水质确定为（暂时）：

BOD_5＝180mg/l

COD_{cr}＝300mg/l

SS＝200mg/l

TN＝35mg/l

TP＝4mg/l

要求污水处理厂的出水应满足国家《城镇污水处理厂污染物排放标准》(GB 18918－2002)二级排放标准,即:

BOD_5≤30mg/l

COD_{cr}≤100mg/l

SS≤30mg/l

NH_4-N≤25mg/l

TP≤3mg/l

采用 A^2/O 工艺,该项目要求按初步设计批复的工艺,出水水质标准不变,建设内容不能减少的总原则下,投资人可以对工艺和构筑物进行优化。

第三部分　附　　件

附件 1:资格预审申请函(略)

附件 2:资格预审申请表(略)

附 2:江苏省 H 市污水处理特许经营招标文件(主要条款)

一、投标邀请书

二、投标人须知及附件

第一章　总则

第二章　投标原则和方式

第三章　投标人资格

第四章　招标文件

第五章　现场考察与标前会议

第六章　投标文件的构成与要求

第七章　投标文件的编制要求

第八章　投标保函

第九章　开标

第十章　评标

第十一章　授标

第十二章　授标后的程序

第十三章　附件

附件 1　定义

附件 2　投标文件格式

附件 3　授权委托书格式

附件 4　投标保函格式

附件 5　特许经营协议条款偏差表

三、特许经营协议及附件

特许经营协议

附件 1　污水处理服务协议

附录 1　污水处理服务费的计算

附录 2　处理污水量的计量

附录 3　水样的采集和储存

附录 4　两个污水处理厂工艺平面图

附录 5　进水水质超标的处理

附录 6　污水出水水质不合格的违约金

附录 7　调价公式

附录 8　污水处理厂水质检测项目和周期

附录 9　水处理服务费付款通知单

附件 2　A 污水处理厂资产转让协议

附录 1　A 污水处理厂资产评估报告

附录 2　H 市国有资产管理部门对国有资产处置方案的批准

附件 3　第二污水处理厂建设执行标准和技术规范

附件 4　H 市建设局完成的前期工程量清单(第二污水处理厂)

附件 5　保险

附件 6　履约保函格式

四、技术参考资料

1.　背景资料

1.1　概况

1.2　供水现状

1.3　排水现状和规划

2.　A 污水处理厂技术资料

2.1　基本情况

2.2　工艺设计

2.3　主要设备清单

2.4　其他事项

2.5　附图

3.　第二污水处理厂技术资料

3.1　项目概况

3.2 项目技术要求

3.3 初步设计(另装订成册)

3.4 施工图设计

3.5 地质勘探资料(另装订成册)

附 3:污水处理特许经营协议(主要条款)

一、术语定义和释义

二、特许经营权 (担保权、特许期及其延长)

三、声明和条件 (项目公司、市建设局、履约保函、融资交割、项目公司为满足的条件、前期费用的安排)

四、土地使用和前期工作 (土地使用权、对土地使用的限制、土地的适用性和土地的状况、有关土地状况的资料)

五、设计 (设计要求、审阅设计标准和技术规范、项目公司优化初步设计的权利、施工图设计、项目公司的责任)

六、建设施工 (项目公司的主要义务、市建设局的主要义务、建设承包商、质量保证和质量控制、项目计划及进度日期、监督和检查、建设工程完工后清理污水处理厂场地、市建设局应完成的前期工作)

七、测试和完工 (项目设施完工、性能测试、完工检查、最终完工证书、开始商业运营)

八、完工延误或放弃 (市建设局导致的开始商业运营延误、项目公司减少延误损失的责任、项目公司导致的完工延误)

九、运营与维护 (项目公司的主要义务、市建设局的主要义务、检验与维护手册、未履行维护义务、公共安全、安全运营)

十、污水处理服务和污水处理服务费 (项目公司的义务、市建设局支付污水处理服务费的义务、服务费价格的调整、物价管理部门、收费发票、利息、争议款项、增值税)

十一、项目融资和财务管理 (项目公司的主要义务、股本出资、项目外汇使用、项目公司资产折旧、财务监督和检查)

十二、特许期期满时项目设施的移交 (移交范围、最后恢复性大修和性能测试、零备件、保证期、承包商保证的转让、技术转让、人员及人员培训、项目公司物品的移除、风险转移、移交费用和批准、移交委员会和移交程序、移交效力)

十三、市建设局的义务 (遵守适用法律、法律变更、税收优惠、协助获得和保持批准、进口与出口、公用设施、不干预、不当提取保证金)

十四、项目公司的责任 (遵守适用法律、安全标准、环境保护、批准、对考古、地质及历史物品的保护、项目文件的协调、税收、关税及收费、保险)

十五、市建设局和项目公司共同的权利和义务 (不可抗力、保密、合作、预先告知通知)

十六、终止 （市建设局的终止、项目公司的终止、终止意向通知和终止通知、市建设局的权利、终止的一般后果、终止后的补偿、保险收益的使用、终止后的移交程序、补救、对责任的限制、继续有效、污水处理服务协议的终止）

十七、违约赔偿 （赔偿、免责、减轻损失的措施、部分由于受损害方造成的损失、对间接损失不负责任、补救）

十八、协议的转让 （市建设局的转让、项目公司的转让）

十九、运营协调委员会

二十、规则解释

二十一、争议的解决

二十二、其他条款

附4:污水处理服务协议(主要条款)

一、定义与解释

二、生效和期限

三、条件和声明 （履行义务的条件、声明、建设局陈述和保证、环境污染）

四、项目公司的义务 （处理进水、进水供应不足、不遵守的后果、计量、服务对象、污泥）

五、项目公司的水质及检测义务 （污水处理厂进出水质量标准、进水及出水的检测、建设局的核实、水质超标的处理、进水不符合进水质量的后果）

六、项目的运营和维护 （运营和维护项目设施、维护计划、化学药品和零部件、检验与维护手册）

七、服务费支付 （建设局或取或付义务、或取或付义务的例外、污水处理服务费的计算和调整）

八、有关建设局设施的义务 （进水管网、进水供应义务）

九、削减和停运 （削减或停运、紧急削减或关闭、建设局要求紧急关闭或削减的权利、关闭或削减情况或取或付义务、暂停服务）

十、违约金 （实际处理水量不足的违约金、违反出水质量标准的违约金、计划外暂停服务期间的违约金）

十一、计量 （流量表的安装、检查和测试、密封、读数、出水量的确定）

十二、账单、支付和调整 （污水处理服务费的计算和支付、每月付款、支付程序、利息、有争议的金额、违约金支付、抵扣、服务发票）

十三、不可抗力 （不可抗力引起的终止履行、适用于项目公司的例外情况、适用于建设局的例外情况、程序、费用及时间表的修改、不可抗力期间的付款、减少损失和协商的责任、不可抗力造成的终止、法律变更阻止履约）

十四、终止 （终止事件、项目公司违约事件、建设局违约事件、终止意向通知、终止通知、

项目协议、终止的后果、其他补救措施、对责任的限制)

十五、违约赔偿　(赔偿、免责、减轻损失的措施、部分由于受损害方造成的损失、对间接损失不负责任、补救)

十六、转让　(建设局的转让、项目公司的转让)

十七、争议的解决　(运营协调委员会的友好解决、仲裁、争议解决期间的履行、继续有效的义务)

十八、其他条款　(本协议的完整性、可分割性、保密、管辖法律、文字、修正、合同条件)

附录 1　污水处理服务费的计算

附录 2　处理污水量的计量

附录 3　水样的采集和储存

附录 4　两个污水处理厂工艺平面图

附录 5　进水水质超标的处理

附录 6　污水出水水质不合格的违约金

附录 7　调价公式

附录 8　污水处理厂水质检测项目和周期

附录 9　水处理服务费付款通知单

附 5:污水处理厂资产转让协议(主要条款)

一、定义和释义

二、应转让的业务　(转让的范围、承包商、制造商和供应保证的转让、缺陷责任保证和补偿、人员、合同的变更、搬走属于原转让方的物件、风险转移、资产转让费用和批准、转让的效力)

三、声明、保证　(项目公司的声明和保证、市建设局的声明和保证)

四、转让价　(转让价的款额和付款、付款程序、滞纳金)

五、经营期限

六、转让方和项目公司的共同义务和权利　(不可抗力、程序、保密、合作义务)

七、本协议违约的赔偿　(赔偿、免责、减轻损失的措施、部分由于受侵害方造成的损失、无间接损害赔偿、补救)

八、协议的转让

九、规则解释　(合同文件、协议的完整性、修改和变更、可分割性、解释)

十、其他条款　(解决争议、各自的义务、通知、非弃权、生效日期、适用法律、协议文字)

附录 1　A 污水处理厂资产评估报告

附录 2　H 市国有资产管理部门对国有资产处置方案的批准

参 考 文 献

[1] 李玉鲲,李玉鹏,李明涛. 浅谈我国污水处理及污水资源化. 水资源保护[J],2004,(1):3～5.

[2] 崔俊华,樊明远. 污水治理建设项目投资存在的问题及对策. 中国给水排水[J],2001,17(5),36～38.

[3] 杨敏儿,蔡先军,吴力真. 浅析我国污水处理的可持续发展. 市政技术[J],2004,22(2):82～84.

[4] 钱易. 我国城市污水资源化面临的问题和发展战略. 建设科技[J],2002,(2):10～12.

[5] 曹燕进. 城市排水及污水处理产业发展现状与趋势. 中国环保产业[J],1998,(6):14～15.

[6] 金兆丰,余志荣. 污水处理组合工艺及工程实例[M]. 北京:环境科学与工程出版中心,化学工业出版社,2003,1～4.

[7] 楼铭育,王晓标. 探讨城市污水处理的民营化. 中国给水排水[J],2002,18(6):23～25.

[8] 陈洪博. 论公用事业的特许经营. 深圳大学学报(人文社会科学版)[J],2003,20(6):13～17.

[9] 王克群,王济萍. 市政公用事业改革对策研究. 资料通讯[J],2004,(1):9～13.

[10] W. J. Baumol, 1977. "On the Proper Cost Tests for Natural Monopoly in a Multiproduct Industry". American Economic Review, December 1977.

[11] 徐宗威. 法国城市公用事业特许经营制度及启示. 城市发展研究[J],2001,(4):1～5,16.

[12] World Bank(2001). "Private Participation in Infrastructure in China :Issues and Recommendations".

[13] 张杰,熊必永,杨宏. 污水深度处理与水资源可持续利用. 给水排水[J],2003,29(6):29～32.

[14] 俞厚未,朱文慧. 中、小城镇污水处理厂的运营模式浅议. 中国给水排水[J],2003,19(1):64.

[15] 黎永育. 我国城市污水处理厂转制的必要性. 中国给水排水[J],2002,18(8):20～22.

[16] 中华人民共和国国家发展计划委员会,中华人民共和国建设部,国家环境保护总局.《国家计委、建设部、国家环保总局关于推进城市污水、垃圾处理产业化发展的意见》.

[17] 解广宾. 高速公路特许经营模式的选择. 经济论坛[J],2003,(18):65～66.

[18] Peltzman. "Toward a More General Theory of Regulation." Journal of Law and Economics, 19, August, pp. 211～240(1976).

[19] 杨华,谢德明. 项目融资的 BOT 模式. 上海会计[J],2003,(8):52～53.

[20] 金永祥. 与 BOT 项目相关的基本概念. 中国环保产业[J],2002,(11):20～21.

[21] 闻超群,章仁俊. 一种新的投融资方式——BOT 浅谈. 江苏商论[J],2003,(2):104～105.

[22] 辛焕平,和丕禅. 关于我国开展 BOT 方式的现状及思考. 商业研究[J],2003,(10):124～126.

[23] 魏兴民. 探究中国的 BOT 模式. 环境导报[J],2003,(2):19.

[24] 杨斌斌. 环保 BOT 项目现状分析. 中国环保产业[J],2003,(4):22～24.

[25] 王璐. BOT 与 TOT:两种投融资方式之比较. 国际经济合作[J],2003,(4):44～46.

[26] 韩英,刘永军,齐永兴. BOT——加快我国基础设施建设的有力方式. 技术经济[J],2003,(4):58～59.

[27] 娄金生,王宇. 水污染治理新工艺与设计[M]. 海洋出版社,2002,1～7

[28] 孙嘉,杨万东. 用 BOT 方式建设我国小型污水处理厂的探讨. 给水排水[J],2002,28(10):16～19.

[29] 蒋澄宇. 浙江省污水处理厂建设的几点启示. 环境导报[J],2000,(4):28～29.

[30] 杨万东,刘宏远. 小城镇污水处理厂的 BOT 建设方式. 中国给水排水[J],2002,18(1):37～38.

[31] 刘宏远,丁春生. 以 BOT 方式兴建中小城镇污水处理的可行性研究. 浙江工业大学学报[J],2002,30

(2):181～183.

[32] Cokins, G,. Activitey－based cost management: making it work. Richard D. Irwin,. 1996.

[33] 陈鸣.城市污水处理厂污泥最终处置方式的探讨.中国给水排水[J],2000,16(8):23～24.

[34] 杨小文,杜英豪.污泥处理与资源化利用方案选择.中国给水排水[J],2002,18(4):31～33.

[35] 高辉.企业改制中土地使用权处置问题的研究:[硕士学位论文].北京,北京科技大学,2001.

[36] 刘建林,丝学平.从使用角度看污水处理厂土建设计时应注意的几个问题.黑龙江造纸[J],2002,30(1):48.

[37] 陈予恩.城市污水处理厂设计.设计技术[J],2000,(1):5～12.

[38] 徐新阳,于峰.污水处理工程设计[M].北京:化学工业出版社教材出版中心,2003,1～5,130～140.

[39] 柴莺,张绍怡.浅谈城市污水处理厂设计中的热点问题.太原科技[J],2000,(2):28～29.

[40] 沈光范.关于城市污水处理厂设计的若干问题.中国给水排水[J],2000,16(3):20～23.

[41] 冯生华.浅谈建设污水处理厂的五大问题.天津建设科技[J],2002,12(1):7～9.

[42] 张清敏,陈卫平,胡国臣等.污泥有效利用研究进展.农业环境保护[J],2000,19(1):58～61.

[43] 王国实,乔文德.谈政府对建筑工程质量的宏观控制.鸡西大学学报(综合版)[J],2002,2(3):59～60.

[44] Arditi, David,Gunaydin. Total quality management in the Construction process. International Journal of Project Management,1997,15(4):235～243.

[45] 徐卫光,孙晓森.浅谈污水处理厂建设的投资控制.山东环境[J],2002,(3):31～32.

[46] 邬扬善.城市污水处理——投资与决策[M].北京:中国环境科学出版社,1992,10～15,135～165.

[47] 孙力平.污水处理新工艺与设计计算实例[M].北京:科学出版社,2001,1～18.

[48] 曾科,卜秋平,陆少鸣.污水处理厂设计与运行[M].北京:化学工业出版社,2001,1,5～10,64～75.

[49] 冯生华.城市中小型污水处理厂的建设与管理[M].北京:化学工业出版社,环境科学与工程出版中心,2001,48～101,343～352.

[50] 卜秋平,陆少鸣,曾科.城市污水处理厂的建设与管理[M].北京:化学工业出版社,2002,38～66,74～93.

[51] 李胜海.城市污水处理工程建设与运行[M].合肥,安徽科学技术出版社,2001,1～13,20～102.

[52] 辛忠义.重视建设工程监理提高建设工程质量.工程经济[J],2000,(2):25～27.

[53] 郭汉丁.建设工程质量政府监督管理[M].北京:化学工业出版社,2004,206～299.

[54] 全国建设工程质量监督工程师培训教材编写委员会.工程质量监督概论[M].北京:中国建筑工业出版社,2001.

[55] Samuels A F, Brudermj. Construction Representative: Scheduling and Cost Management. Journal of Construction Engineering and Management,1996,122(3):281～290.

[56] 中华人民共和国第九届全国人民代表大会.中华人民共和国招标投标法.中华人民共和国主席令(第二十一号).

[57] 卢向南.《项目计划与控制》[M].机械工业出版社,北京:2006年1月,第一版,102～114.

[58] 顾慰慈.《建设项目质量监控》[M].北京:中国建材工业出版社,2003,6:8～14.

[59] 李健,高佩峻.《项目管理》[M].北京:中国建筑工业出版社,2005,11,176～183.

[60] 王祖和.《项目质量管理》[M].北京:机械工业出版社,2006,1:115～121.

[61] 肖维品.《建设监理与工程控制》[M].北京:科学出版社,2006,1:350～439.

[62] 张检身.《工程项目承包与管理》[M].北京:机械工业出版社,2006,3:561～570.

[63] 中华人民共和国建设部.关于加快市政公用行业市场化进程的通知.建城[2002]272 号.

[64] 中华人民共和国建设部.市政公用事业特许经营管理办法.中华人民共和国建设部第 126 号令.

[65] 张文胜,田水利.《水文水资源设施工程建设项目管理》[M].郑州:黄河水利出版社,2006,1:96～131.

[66] 水利部水利建设与管理总站.《水利工程质量监督实务》[M].北京:中国计划出版社,2005,3:38～61.

[67] 邓晓林,王国华,任鹤云.上海城市污水厂的污泥处置途径探讨.中国给水排水[J],2000,16(5):19～22.

[68] Min－Jian Wang. Land application of sewage sludge in China. The Science of the Total Environment, 1997,197:149～160.

[69] 田宁宁,王凯军等.污水处理厂污泥处置及利用途径研究.环境保护[J],2000,2:18～20.

[70] 熊克齐.现行评标办法及投标技巧初探.石油化工技术经济[J],2003,19(5):52～54.

[71] Daigger, G. T. and J. A. Buttz. Upgrading Wastewater Treatment Plants, Second Edition. Technomic Publishing Co., Lancaster, PA, 1998.

[72] Grady, C. P. L., Jr., G. T. Daigger, and H. C. Lim, Biological Wastewater Treatment, Second Edition, Marcel Dekker, NY, 1998.

[73] 李明,金宇称.城市水务设施特许经营理论分析.河北工程大学学报[J],2007.3(2):17～20.

[74] 牛学义.城市污水特许经营协议的若干问题探讨.中国给水排水[J],2004,20,(2):25～27.

[75] 郑洁,毕志清.特许经营项目是否需要设定价格调整公式.中国投资[J],2004,(1):94～95.

[76] 于国安,杨建基.特许投标竞争理论中的资产转让问题研究.商业研究[J],2004,(2):76～78.

[77] 李明.城市污水处理特许经营体制分析.环境科学与技术(增刊)[J],2008,6(6):542～545.

[78] 刘艳.成都 BOT 供水项目协议水价的启示.价格月刊[J],2003,(11):22～23.

[79] 李红镝,孙立东.对 BOT 项目转让阶段问题的分析.技术经济[J],2001,(10):64.

[80] 金永祥,谭轩.BOT 项目讲座(二)——BOT 项目运作程序.中国投资[J],2002,2(2):84～86.

[81] 李壮,王明明.以"建设—经营—移交"方式建设城市污水处理场经济分析.化工技术经济[J],2004,6(6):37～39.

[82] 金永祥,谭轩.BOT 项目讲座(五)——TOT 项目运作.中国投资[J],2002,5(5):86～89.

[83] 李明.供水企业改革的市场化模式探讨.西南给排水[J],2007,9(5):44～46.

[84] 傅涛,常杪,钟丽锦.《中国城市水业改革实践与案例》[M].北京:中国建筑工业出版社,2006(8):199～260.

[85] 李明,金宇澄.BOT、TOT 相结合的融资模式在污水处理项目中的应用.国际经济合作[J],2007,9(5):41～44.

[86] 李明,赵鹏.把 BOT 竞争机制引入污水处理行业.河北建筑科技学院学报,2004,12(6):24～26.

[87] 王毅武.《市场经济学》[M].北京:清华大学出版社,2005(9):30～41.

[88] 刘小兵.《政府管制的经济分析》[M].上海:上海财经大学出版社,2004(7):28～64.

[89] 刘亚臣,闫长俊.《工程项目融资》[M].大连:大连理工大学出版社,2004(3):169～183.

[90] 王立国.《工程项目融资》[M].北京:人民邮电出版社,2002,8,198～208.

[91] 伍佰洲,郑边江.《城市基础设施投融资制度演变与创新》[M].北京:知识产权出版社,2006(7):26～45.

[92] 刘戒骄.《垄断产业改革——基于网络视角的分析》[M].北京:经济管理出版社,2005(1):69～96.

[93] 于良春.《自然垄断与政府规制——基本理论与政策分析》[M].北京:经济科学出版社,2003(12):173～179.

[94] 李健,高佩峻.《融资及案例分析》[M].北京:中国建筑工业出版社,2005,11,80～157.

[95] 袁家楠,郑淑君.《水务特许经营项目招投标实务》[M].北京:化学工业出版社,2006,1,14～19.

[96] 王淑玲.浅谈市政、公益资产转让如何防止国有资产流失的问题.鞍山社会科学[J],2002,(4):32～33.

[97] 王希希,陈吉宁.我国污水处理理想价格及合理投资结构测算分析.给水排水[J],2004,11(11):43～46.

[98] 罗固源,温亮.污水处理厂BOT模式建设的处理收费与工艺选择.重庆建筑大学学报[J],2003,12(增刊):37～39.

[99] 张燎.水务特许经营准入竞争方式及其应用.中国环保产业[J],2006,5(5):14～17.

[100] 刘月芹.污水处理厂投资项目特许经营期中的水价调整[J].中国给水排水[J],2007,23(18):75～78.

[101] 刘昌浩.对进一步做好BOT方式的城市污水处理厂项目前期工作的思考.广东科技[J],2007,5(5):164～165.

[102] 吴焕林.城市污水处理行业TOT模式的探讨.法治与社会[J],2008,10(10):343～346.

[103] 杨卫华,戴大双,韩明杰.基于风险分担的污水处理BOT项目特许价格调整研究.管理学报[J],2008,5(3):366～369.

[104] 文小兵.探讨BOT建设的城市污水处理厂收费价格的形成.水工业市场[J]2009,5(5):60～63.

[105] 袁飞.城镇污水处理BOT项目的价格构成与运营期调价.环境科学与管理[J],2009,1(1):24～26.

[106] 张兴华,瞿建国,宋卫锋.城市污水处理厂BOT特许经营模式介绍.广东化工[J],2009,7(7):289～290.

后　记

本书来源于我攻读博士学位期间的毕业论文，2008 年有幸考入天津大学工程管理专业博士，攻读博士学位期间，在天津大学工程咨询研究所，跟随导师先后参加了天津市城市污水处理特许经营规范化研究，河南省安阳市供热特许经营，江苏省 H 市城市污水处理项目特许经营，贵州省湄潭县城污水处理特许经营，天津市垃圾处理特许经营等项目的工程咨询工作，亲身经历了这些项目的运作过程。从这些项目的实际运作过程中，深感目前我国的城市污水处理特许经营还存在诸如运作程序不规范、市场竞争混乱、政府缺乏有效的管理等一系列问题。城市污水处理项目作为重要的市政公用基础设施，直接关系到广大居民的公共利益，城市污水处理项目特许经营额也直接关系到城市经济和社会可持续发展。如果这些问题不能很好地解决，必将成为我国的城市污水处理市场化改革的巨大障碍。

城市污水处理特许经营并不意味着政府甩掉了污水处理的沉重包袱，而是肩负更加严格管理的责任。国内外的城市污水处理的大量实践也说明，特许经营成功的关键在于加强政府的管理，基于项目运作实践中发现的问题，在导师的指导下，最终确立了毕业论文的选题——《城市污水处理特许经营管理研究》。在刘应宗教授的悉心指导和关怀下，经过两年多的资料收集和调查研究，翻阅了大量的国内外的文献和资料，并通过亲身的项目运作实践，最终完成了论文，并于 2008 年 2 月顺利通过答辩。

本书以污水处理运作的实践案例为基础，从污水处理特许经营的前期规划、市场准入、建设管理、运营监督等几个阶段，从政府视角提出了对特许经营管理内容、管理程序和管理方法，以期为促进我国的城市污水处理特许经营健康发展提供借鉴和指导。论文编辑出版前，又参阅了近年来的一些最新研究成果，对毕业论文进行了修改、补充和完善。鉴于本课题的研究从一定意义上说是探索性的，限于本人的研究能力所限，论文不够深入和全面，肯定还存在很多缺点和不足，恳请各位专家学者给予批评指正！

本书的编辑出版不仅仅是作者本人努力的结果，而是凝聚了众多组织和个人的辛勤劳动。首先，本书从选题、构思、大纲的拟定、撰写、修改到最终定稿，凝聚了刘老师大量的心血和汗水，在本书编辑出版之际，特向刘应宗教授表示衷心的感谢！

其次，在本书写作过程中，大量参考和吸收了许多专家学者的研究成果和观点，在此，向他们表示真诚的感谢！特别需要指出的是，由于写作的匆忙和疏忽，很可能还有一些成果在文中没有提及，对此也向他们表示真诚的歉意！同时，在论文写作过程中，也先后得到了项目所在地政府各相关领导的大力支持和帮助，在此一并向他们表示诚挚的谢意！

最后，衷心感谢中国铁道出版社的编辑和其他工作人员为本书的出版而付出的辛勤劳动。